# 集合と位相

矢ヶ崎一幸 著

学術図書出版社

# まえがき

　コンピュータやロボット，スマートフォン，AI，iPS細胞など，十数年前と比較しても，科学技術は大きな変貌を遂げている．これら科学技術が今後も継続して発展して行くための原動力として，数学および数理科学に大きな期待が寄せられている．このような状況の中，数学やそれに関連した学問を熱心に学ぶことは大変意義深い．とりわけ，「集合と位相」の知識は，現代数学を学ぶための基礎であり，数学に基礎をおく科学技術に関連した他の分野の学問を学ぶためにも非常に重要なものとなっている．

　本書は，理工系低学年生を対象とし，集合の概念から始めて，写像や集合，距離空間，位相空間についてひと通りのことが学べるように書かれている．特に，新出の概念が出てくるような場合には，なるべく平易な例を示して，理解の助けになるよう心がけた．また，それ程難しくない問題を与え，また，巻末に答とヒントを載せて，読者が理解を確認できるように考えた．

　まず，1章では集合の初歩的な事柄について述べる．2章では，集合と写像に関する基本事項について説明する．全射・単射，集合族，集合の濃度，同値関係と商集合，一般の直積と選択公理，順序集合と整列集合について述べ，ツォルンの補題と整列定理にも触れる．3章では，距離空間について解説する．簡単に言うと，距離空間は2点間の距離が与えられた空間であり，その距離を用いることにより，実数全体の集合における開区間と閉区間および連続関数の概念を一般化して，開集合と閉集合および連続写像がどのように定義されるか，また，それらがもつ性質について説明する．さらに，距離空間の重要な概念である完備性や完備化についても述べる．4章では，位相空間について解説する．簡単に言うと，位相空間は開集合が与えられた空間であり，例えば，連続写像を考えるためには，実は距離よりも開集合が本質的であることがわかる．さら

に，近傍系，開基や基本近傍系などの概念を説明し，分離公理や連結性についても触れる．5章では，位相空間の重要な概念であるコンパクト性と関連した事柄について解説する．コンパクト性それ自身だけでなく，コンパクト性の重要性も初学者にとっては理解しがたいかもしれないが，コンパクト空間における連続写像の性質にその一端が垣間見れる．さらに，数学を深く勉強して行くにつれて，その重要性が理解できるであろう．

　最後に，本書を出版するにあたり大変お世話になった，学術図書出版社の高橋秀治氏に心から感謝する．本書が読者にとって「集合と位相」を理解する上での助けになり，さらに，これらの事柄や数学および数理科学全般に関心を抱き，数学およびそれに関連した学問を深く学び進んで行くきっかけになれば幸いである．

2020 年 2 月

矢ヶ崎 一幸

### 初学者への注意

　本書では，大抵の数学書や論文でそうしているように，数学的な結果を**命題**，**定理**，**系**，**補題** という形でまとめている．一般には**命題** とし，重要なものは**定理**，ある定理や命題から直ちに導かれるものは**系**，定理や命題を証明するために必要となる補助的なものは**補題** としている．その基準は著者の好みに通常よる．また，**注意**では，定理などの結果に関連して特に注意すべきことをまとめている．

# 目　　次

# 第 1 章

# 集合の初歩

本章では，集合の初歩的な事柄について述べる．

## 1.1　集合とは

**集合**とは，「ある特定の性質をそなえたものの集まり」のことをいい，自然数全体の集まり，整数全体の集まり，などは集合である．集合を構成するものを**元**あるいは**要素**という．$a$ が集合 $A$ の元であるとき，$a \in A$ または $A \ni a$ と書き，$a$ は $A$ に**属する**または $A$ は $a$ を**含む**という．$a$ が $A$ の元でないときは，$a \notin A$ または $A \not\ni a$ と書く．

2 つの集合 $A, B$ について，それらの構成要素が全く同じであるとき，すなわち，$a \in A$ であることが $a \in B$ であるための必要十分条件であるとき（$a \in A$ であることと $a \in B$ であることは**同値**であるともいい，$a \in A \iff a \in B$ と表す），$A$ と $B$ は**等しい**といい，$A = B$ と書く．$A = B$ でないときは，$A \neq B$ と記す．

集合の表し方の基本は $\{\ \}$ で囲むということである．具体的にどのような集合であるか，どんな元を含んでいるかということを表す第 1 の方法は，$\{\ \}$ の中に元をすべて書き並べることである．例えば，6 以下の自然数から成る集合は $\{1, 2, 3, 4, 5, 6\}$ と表す．このとき，書き並べる順序を変えても集合は同じである．また，$\{\ \}$ の使い方には注意が必要で，例えば，$\{\{1, 2, 3, 4, 5, 6\}\}$ は $\{1, 2, 3, 4, 5, 6\}$ とは異なり，集合 $\{1, 2, 3, 4, 5, 6\}$ のみを元とする集合を表す．このように，集合が元であるような集合を考えることもある．第 2 の方法は，

ある条件 $P$ を満たす $x$ の全体として集合を定め，

$$\{x \mid x \text{ は条件 } P \text{ を満たす}\}$$

と表すことである．例えば，上の 6 以下の自然数から成る集合は

$$\{x \mid x \text{ は自然数かつ } x \leqq 6\}$$

などと表す．また，集合 $A$ の元のうち，条件 $P$ を満たす元全体の集合は

$$\{x \mid x \in A \text{ かつ } x \text{ は条件 } P \text{ を満たす}\}$$

または

$$\{x \in A \mid x \text{ は条件 } P \text{ を満たす}\}$$

などと表す．無限個の元から成る集合を扱う場合も多く，そのためもあり，後者の方法が用いられることが多い．

　元を 1 つも含まないという集合を考える必要もしばしば生じる．この集合を**空集合**と呼び，通常，記号 $\emptyset$ を用いて表される．ここで，上で { } の使い方で注意したのと同様に，$\{\emptyset\}$ は空集合ではなく，元が空集号のみの集合を表す．また，有限個の元しか含まない集合を**有限集合**といい，無限個の元を含むものを**無限集合**という．集合のうち，数学でよく用いられる基本的ないくつかのものは，固有の記号によって表されることが多い．例えば，自然数，整数，有理数，実数および複素数全体の集合は，それぞれ，$\mathbb{N}$，$\mathbb{Z}$，$\mathbb{Q}$，$\mathbb{R}$ および $\mathbb{C}$ と表記される．なお，上の例からもわかるように，本書では，自然数は 1 以上の整数とし，すなわち，$\mathbb{N} = \{n \in \mathbb{Z} \mid n \geqq 1\}$ である．

**例 1.1.** 上であげた集合 $\mathbb{N}, \mathbb{Z}, \mathbb{Q}, \mathbb{R}, \mathbb{C}$ はすべて無限集合である．

　2 つの集合 $A, B$ に対して，$A$ の任意の元が $B$ に属する，すなわち，$a \in A$ ならば $a \in B$ となるとき（$a \in A \Longrightarrow a \in B$ と表す），$A$ は $B$ の**部分集合**であるといい，$A \subset B$ または $B \supset A$ と書く（$A$ は $B$ に**含まれる**または $B$ は $A$ を**含む**と読む）．また，$A$ は $B$ に含まれない，すなわち，$A \subset B$ でないとき，$A \not\subset B$ と書く．定義より直ちに，$A \subset A$ であり，$A \subset B$ かつ $B \subset A$ ならば $A = B$ となる．さらに，3 つの集合 $A, B, C$ に対して，$A \subset B$ かつ $B \subset C$ ならば $A \subset C$ となる．

**例 1.2.** $\mathbb{N} \subset \mathbb{Z} \subset \mathbb{Q} \subset \mathbb{R} \subset \mathbb{C}$ が成り立つ．

**例 1.3.** $a, b$ を $a < b$ となる実数とする．実数全体の集合 $\mathbb{R}$ の部分集合

$$(a, b) = \{x \in \mathbb{R} \mid a < x < b\}, \quad [a, b] = \{x \in \mathbb{R} \mid a \leqq x \leqq b\},$$

$$(a, b] = \{x \in \mathbb{R} \mid a < x \leqq b\}, \quad [a, b) = \{x \in \mathbb{R} \mid a \leqq x < b\}$$

を，それぞれ，左端 $a$，右端 $b$ の**開区間**，**閉区間**，**左半開区間**，**右半開区間**という．また，$(a, b) \subset (a, b] \subset [a, b]$ および $(a, b) \subset [a, b) \subset [a, b]$ が成立する．

**問 1.1.** 次の集合 $A$ の元をすべて求めよ．

(1) $A = \{x \in \mathbb{N} \mid x^2 < 5\}$  (2) $A = \{x \in \mathbb{Z} \mid x^2 < 5\}$

(3) $A = \{x \in \mathbb{R} \mid x^3 + x^2 + x + 1 = 0\}$  (4) $A = \{x \in \mathbb{C} \mid x^3 + x^2 + x + 1 = 0\}$

$A \subset B$，すなわち，$a \in A$ ならば $a \in B$ となることは，対偶を考えることにより，$b \notin B$ ならば $b \notin A$ となることと同値である．これより，空集合 $\emptyset$ は，元を 1 つも含まないので，任意の集合の部分集合となる．

一方，$A$ が $B$ の部分集合であるが等しくない，すなわち，$A \subset B$ かつ $A \neq B$ であるとき，$A$ は $B$ の**真部分集合**といい，これを強調したいとき $A \subsetneqq B$ または $B \supsetneqq A$ と書く．例えば，整数全体の集合 $\mathbb{Z}$ は有理数全体の集合 $\mathbb{Q}$ の真部分集合である．また，$A$ が $B$ の真部分集合とは限らない部分集合であることを強調したいとき，$A \subseteqq B$ または $B \supseteqq A$ と書いたりもする．

**問 1.2.** $A \subsetneqq B$ ならば，$B \subset A$ とはならない．その理由を述べよ．

集合 $A$ の部分集合全体を**ベキ集合**といい，本書では $\mathscr{P}(A)$ と書く（他書では $P(A)$ あるいは $\mathfrak{P}(A)$ と書く場合もある）．

**例 1.4.** 集合 $A = \{1\}$ に対しては $\mathscr{P}(A) = \{\emptyset, \{1\}\}$ で $\mathscr{P}(A)$ の元の個数は 2，集合 $A = \{1, 2\}$ に対しては $\mathscr{P}(A) = \{\emptyset, \{1\}, \{2\}, \{1, 2\}\}$ で $\mathscr{P}(A)$ の元の個数は 4 となる．

**問 1.3.** 集合 $A = \{1, 2, 3\}$ に対してべき集合 $\mathscr{P}(A)$ とその個数を求めよ．

一般に，べき集合の個数について次が成り立つ．

**命題 1.1.** 元の個数が $n$ の有限集合 $A$ に対して，$\mathscr{P}(A)$ の元の個数は $2^n$ である．

**証明.** 元の個数が $k \leqq n$ の $A$ の部分集合の個数は $_nC_k$ となる．ここで，$_nC_k$

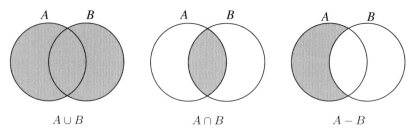

$$A \cup B \qquad A \cap B \qquad A - B$$

**図 1.1: 集合の演算**

は $n$ 個から $k$ 個を選んで得られる組み合わせの数を表す．よって，二項定理

$$(x + y)^n = \sum_{k=0}^{n} {}_nC_k x^k y^{n-k}$$

より，$\mathscr{P}(A)$ の元の個数は

$$\sum_{k=0}^{n} {}_nC_k = (1 + 1)^n = 2^n$$

となる． □

　なお，組み合わせの数 ${}_nC_k$ を $\binom{n}{k}$ と表すことも多い．一般に，集合を元とする集合を**集合族**という．

**問 1.4.** $k < n$ を満たす $k, n \in \mathbb{N}$ に対して，$A_k = \{ ka \leqq n \mid a \in \mathbb{N} \}$ とする．$n$ を $k$ で割ったときの商が $m \in \mathbb{N}$ であるとき，$\mathscr{P}(A_k)$ の元の個数を求めよ．

## 1.2 集合の演算

　2つの集合 $A, B$ に対して，$A$ と $B$ のすべての元から成る集合を $A$ と $B$ の**和集合**といい，$A \cup B$ と書く．すなわち，

$$A \cup B = \{ x \mid x \in A \text{ または } x \in B \}$$

である．また，$A$ と $B$ の両方に属する元から成る集合を $A$ と $B$ の**共通部分**，**交わり**または**積集合**といい，$A \cap B$ と書く．すなわち，

$$A \cap B = \{ x \mid x \in A \text{ かつ } x \in B \}$$

である．なお，上式の右辺のような場合，「かつ」を書かずに，

$$\{x \mid x \in A, x \in B\}$$

などと表記する場合が多い．さらに，$A$ に属するが，$B$ には属さない元から成る集合を $A$ と $B$ の**差集合**といい，$A - B$ と書く．すなわち，

$$A - B = \{x \mid x \in A \text{ かつ } x \notin B\} = \{x \in A \mid x \notin B\}$$

である．$A \cap B \neq \emptyset$ のとき，$A$ と $B$ は**交わる**という．$A \cap B = \emptyset$ のとき，$A \cup B$ を (集合としての) **直和**という．図 1.1 はベン図と呼ばれるものの例で，各図において影の部分が，$A$ と $B$ の和集合，共通部分，差集合を表す．このように，ベン図を用いると，演算の結果得られる集合を視覚化でき，理解の助けになる．

**例 1.5.** $A = \{1, 2, 3\}$，$B = \{2, 3, 4\}$ の場合，次のようになる．

$$A \cup B = \{1, 2, 3, 4\}, \quad A \cap B = \{2, 3\}, \quad A - B = \{1\}$$

**問 1.5.** $A = \{1, 2, 3, 4\}$，$B = \{3, 4, 5\}$ に対して次の集合を求めよ．

(1) $A \cup B$ (2) $A \cap B$ (3) $A - B$

**問 1.6.** $A = \{2n \mid n \in \mathbb{N}\}$，$B = \{3n \mid n \in \mathbb{N}\}$ に対して次の集合を求めよ．

(1) $A \cup B$ (2) $A \cap B$ (3) $A - B$

定義より直ちに次の定理を得る．

**定理 1.2.** 集合 $A, B$ について，次式が成り立つ．

**(1)** $A \cup B = B \cup A$ **(2)** $A \cap B = B \cap A$ **(3)** $A \subset A \cup B$ **(4)** $A \cap B \subset A$

定理 1.2 の関係式 (1) と (2) を和集合と共通部分の**交換法則**という．

**定理 1.3.** 集合 $A, B, C$ について，次が成り立つ．

**(1)** $A \subset C$ かつ $B \subset C$ ならば，$A \cup B \subset C$ である．

**(2)** $C \subset A$ かつ $C \subset B$ ならば，$C \subset A \cap B$ である．

**証明.** (1) $A \subset C$ かつ $B \subset C$ とする．このとき，任意の $x \in A \cup B$ に対して $x \in C$ となる．実際，$x \in A \cup B$ とすると，$x \in A \subset C$ または $x \in B \subset C$ であるから，$x \in C$ となる．よって，結論を得る．

(2) $C \subset A$ かつ $C \subset B$ とする．このとき，任意の $x \in C$ に対して $x \in A \cap B$ となる．実際，$x \in C$ とすると，$x \in A$ かつ $x \in B$ であるから，$x \in A \cap B$ となる．よって，結論を得る． $\square$

問 **1.7.** 集合 $A, B$ に対して次の集合を求めよ.

(1) $A$ と $B$ の両方を含む集合の中で最小のもの

(2) $A$ と $B$ の両方に含まれる集合の中で最大のもの

和集合と共通部分について, 以下のように**結合法則**と**分配法則**も成り立つ.

**定理 1.4** (結合法則). 集合 $A, B, C$ について, 次式が成り立つ.

**(1)** $(A \cup B) \cup C = A \cup (B \cup C)$ **(2)** $(A \cap B) \cap C = A \cap (B \cap C)$

**証明.** (1) $x \in (A \cup B) \cup C$ のとき, $x \in A \cup B$, すなわち, $x \in A$ または $x \in B$, または $x \in C$ となる. 一方, $x \in A \cup (B \cup C)$ のとき, $x \in A$ または $x \in B \cup C$, すなわち, $x \in B$ または $x \in C$ となる. よって, 結論を得る.

(2) $x \in (A \cap B) \cap C$ のとき, $x \in A \cap B$, すなわち, $x \in A$ かつ $x \in B$, かつ $x \in C$ となる. 一方, $x \in A \cap (B \cap C)$ のとき, $x \in A$ かつ $x \in B \cap C$, すなわち, $x \in B$ かつ $x \in C$ となる. よって, 結論を得る. □

定理 1.4 より, 単に $A \cup B \cup C$, $A \cap B \cap C$ と書いても混乱は生じない.

**定理 1.5** (分配法則). 集合 $A, B, C$ について, 次式が成り立つ.

**(1)** $A \cup (B \cap C) = (A \cup B) \cap (A \cup C)$ **(2)** $A \cap (B \cup C) = (A \cap B) \cup (A \cap C)$

**証明.** (1) まず,

$$A \cup (B \cap C) \subset (A \cup B) \cap (A \cup C) \tag{1.1}$$

を示す. $x \in A \cup (B \cap C)$ とする. このとき, $x \in A$ または $x \in B \cap C$ であり, $x \in A$ と $x \in B \cap C$ どちらの場合でも $x \in A \cup B$ かつ $x \in A \cup C$ となる. よって, $x \in (A \cup B) \cap (A \cup C)$ となり, 式 (1.1) が成り立つ.

次に,

$$(A \cup B) \cap (A \cup C) \subset A \cup (B \cap C) \tag{1.2}$$

を示す. $x \in (A \cup B) \cap (A \cup C)$ とする. このとき, $x \in A \cup B$ かつ $x \in A \cup C$ である. もし $x \notin A$ ならば $x \in B$ かつ $x \in C$, すなわち, $x \in B \cap C$ となる. よって, $x \in A \cup (B \cap C)$ であり, 式 (1.2) が成り立つ. 式 (1.1) と (1.2) を合わせれば, 結論を得る.

(2) まず,

$$A \cap (B \cup C) \subset (A \cap B) \cup (A \cap C) \tag{1.3}$$

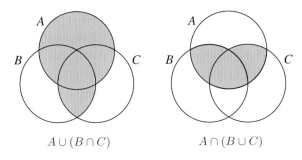

$A \cup (B \cap C)$　　　　　$A \cap (B \cup C)$

図 1.2: 分配法則

を示す. $x \in A \cap (B \cup C)$ とする. このとき, $x \in A$ かつ $x \in B \cup C$, すなわち, $x \in B$ または $x \in C$ であり, $x \in A$ かつ $x \in B$, または $x \in A$ かつ $x \in C$ となる. よって, $x \in (A \cap B) \cup (A \cap C)$ となり, 式 (1.3) が成り立つ.

次に,

$$(A \cap B) \cup (A \cap C) \subset A \cap (B \cup C) \tag{1.4}$$

を示す. $x \in (A \cap B) \cup (A \cap C)$ とする. このとき, $x \in A \cap B$ または $x \in A \cap C$ である. よって, $x \in A$, かつ $x \in B$ または $x \in C$, すなわち, $x \in A \cap (B \cup C)$ となり, 式 (1.4) が成り立つ. 式 (1.3) と (1.4) を合わせれば, 結論を得る. □

図 1.2 に定理 1.5 の分配法則によって得られる集合のベン図を与える.

**例 1.6.** 集合 $A, B, C, D$ について, 定理 1.5(1) より

$$(A \cup B) \cap (A \cup C) \cap (A \cup D)$$
$$= A \cup (B \cap C) \cap (A \cup D) = A \cup (B \cap C \cap D),$$

定理 1.5(2) より

$$(A \cap B) \cup (A \cap C) \cup (A \cap D)$$
$$= A \cap (B \cup C) \cup (A \cap D) = A \cap (B \cup C \cup D)$$

となる.

**問 1.8.** 集合 $A, B$ に対して次式を簡単にせよ.

(1) $A \cup (A \cup B)$　(2) $A \cup (A \cap B)$　(3) $A \cap (A \cup B)$　(4) $A \cap (A \cap B)$

**問 1.9.** 集合 $A, B, C$ について，次式が成立することを示せ.

(1) $(A \cap B) \cup (A - B) = A$　　(2) $(A - B) - C = A - (B \cup C)$

(3) $(A \cup B) \cap (B \cup C) \cap (C \cup A) = (A \cap B) \cup (B \cap C) \cup (C \cap A)$

## 1.3　ド・モルガンの法則

　和集合と共通部分，差集合の間にはド・モルガンの法則と呼ばれる次の関係がある.

**定理 1.6** (ド・モルガンの法則). 集合 $X, A, B$ について，次式が成り立つ.

**(1)** $X - (A \cup B) = (X - A) \cap (X - B)$

**(2)** $X - (A \cap B) = (X - A) \cup (X - B)$

**証明.**　(1) まず，

$$X - (A \cup B) \subset (X - A) \cap (X - B) \tag{1.5}$$

を示す. $x \in X - (A \cup B)$ とする. このとき，$x \in X$ かつ $x \notin A \cup B$, すなわち, $x \notin A$ かつ $x \notin B$ である. よって, $x \in X - A$ かつ $x \in X - B$ であるから, $x \in (X - A) \cap (X - B)$ となり, 式 (1.5) が成り立つ.

　次に，

$$(X - A) \cap (X - B) \subset X - (A \cup B) \tag{1.6}$$

を示す. $x \in (X - A) \cap (X - B)$ とする. このとき，$x \in X - A$ かつ $x \in X - B$ であるから, $x \in X$ であるとともに, $x \notin A$ かつ $x \notin B$, すなわち, $x \notin A \cup B$ である. よって, $x \in X - (A \cup B)$ となり, 式 (1.6) が成り立つ. 式 (1.5) と (1.6) を合わせれば, 結論を得る.

　(2) まず，

$$X - (A \cap B) \subset (X - A) \cup (X - B) \tag{1.7}$$

を示す. $x \in X - (A \cap B)$ とする. このとき，$x \in X$ かつ $x \notin A \cap B$, すなわち, $x \notin A$ または $x \notin B$ である. よって, $x \in X - A$ または $x \in X - B$ であるから, $x \in (X - A) \cup (X - B)$ となり, 式 (1.7) が成り立つ.

　次に，

$$(X - A) \cup (X - B) \subset X - (A \cap B) \tag{1.8}$$

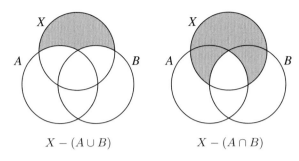

$$X - (A \cup B) \qquad\qquad X - (A \cap B)$$

図 1.3: ド・モルガンの法則

を示す. $x \in (X - A) \cup (X - B)$ とする. このとき, $x \in X - A$ または $x \in X - B$ であるから, $x \in X$ であるとともに, $x \notin A$ または $x \notin B$, すなわち, $x \notin A \cap B$ である. よって, $x \in X - (A \cap B)$ となり, 式 (1.8) が成り立つ. 式 (1.7) と (1.8) を合わせれば, 結論を得る.　　　□

　図 1.3 に定理 1.6 のド・モルガンの法則に関連した集合のベン図を与える.

　数学では, 基礎になる集合を固定して, その集合の中で考察を行うことが多い. 例えば, 微積分学では, 最初のうち, 実数全体の集合 $\mathbb{R}$ を基礎になる集合として固定して考える. 基礎になる集合を**普遍集合**または**全体集合**と呼ぶ. このような場合, 取り扱う集合は通常, 普遍集合の部分集合となる. 普遍集合を $X$, その部分集合を $A$ とするとき, 差集合 $X - A$ を ($X$ に関する)$A$ の**補集合**といい, $A^c$ と表記する (図 1.4 のベン図を参照). 定義から直ちに

$$(A^c)^c = A, \quad X^c = \emptyset, \quad \emptyset^c = X, \quad X = A \cup A^c, \quad A \cap A^c = \emptyset$$

が成り立つ. また, $B$ も $X$ の部分集合とすると, 次が成り立つ.

$$A - B = A \cap B^c, \quad B - A = A^c \cap B$$

**例 1.7.** $X = \{1,2,3,4,5,6\}$, $A = \{1,2,3\}$ とすると, $A^c = \{4,5,6\}$ である.

**問 1.10.** 次を証明せよ.

(1) $A \cap B = A \Longleftrightarrow B \supset A$　(2) $A \cap B = \emptyset \Longleftrightarrow B^c \supset A$

(3) $A \supset B \Longleftrightarrow A^c \subset B^c$

　$A, B$ を普遍集合 $X$ の部分集合とすると, 定理 1.6 より

$$(A \cup B)^c = A^c \cap B^c, \qquad (A \cap B)^c = A^c \cup B^c \tag{1.9}$$

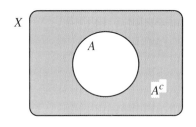

図 1.4: 補集合

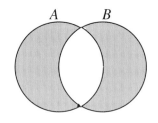

図 1.5: 対称差 $A \triangle B$

が成り立つ. 式 (1.9) を補集合に関する**ド・モルガンの法則**という.

**例 1.8.** 集合 $A, B$ に対して

$$A \triangle B = (A - B) \cup (A - B) = (A \cap B^c) \cup (A^c \cap B)$$

を $A$ と $B$ の**対称差**という (図 1.5 のベン図を参照). 右辺において, 普遍集合 $X$ は $X \supset A \cup B$ を満たすものとしている. 例えば, $A = \{1, 2, 3\}$, $B = \{2, 3, 4\}$ ならば, $A \triangle B = \{1, 4\}$ である. 定義より直ちに, 一般に

$$A \triangle B = B \triangle A$$

が成り立つことがわかる. また, 定理 1.5 と式 (1.9) により

$$(A \cup B) - (A \cap B) = (A \cup B) \cap (A \cap B)^c$$
$$= (A \cup B) \cap (A^c \cup B^c) = (A \cap B^c) \cup (A^c \cap B),$$

よって, 次が成り立つ.

$$A \triangle B = (A \cup B) - (A \cap B) \tag{1.10}$$

**問 1.11.** 普遍集合 $X$ の部分集合 $A, B$ に対して次式を簡単にせよ.

(1) $(A \cup B) \cap (A \cup B^c)$　(2) $(A \cup B) \cap (A^c \cup B) \cap (A \cup B^c)$

(3) $(A^c \cup B^c)^c$　(4) $(A^c \cap B^c)^c$

**問 1.12.** 集合 $A, B, C$ に対して次式を証明せよ.

(1) $A - (B \cup C) = (A - B) \cap (A - C)$　(2) $A - (B \cap C) = (A - B) \cup (A - C)$

(3) $(A \cup B) - C = (A - C) \cup (B - C)$　(4) $(A \cap B) - C = (A - C) \cap (B - C)$

(5) $A \cap (B - C) = A \cap B - A \cap C$　(6) $A - (B - C) = (A - B) \cup (A \cap C)$

(7) $A \cup ((A \cup B) - C) = A \cup (B - C)$　(8) $A \cap ((A \cup B) - C) = A - C$

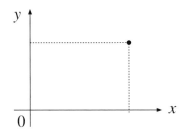

**図 1.6: 直積** $\mathbb{R} \times \mathbb{R}$

**問 1.13.** 普遍集合 $X$ の部分集合 $A, B, C$ に対して次式を証明せよ.

(1) $A \triangle \emptyset = A$　(2) $A \triangle X = A^c$　(3) $A \triangle A = \emptyset$　(4) $A \triangle A^c = X$

(5) $(A \triangle B) \triangle C = A \triangle (B \triangle C)$　(6) $A \cap (B \triangle C) = (A \cap B) \triangle (A \cap C)$

## 1.4　簡単な直積

$A, B$ を集合とする. $A$ の元 $a$ と $B$ の元 $b$ の**順序対** $(a, b)$ を考える. ここで, $a, a' \in A$, $b, b' \in B$ に対して 2 つの順序対 $(a, b)$ と $(a', b')$ が等しいのは $a = a'$ かつ $b = b'$ のときに限るものと定める. このとき, 順序対 $(a, b)$ 全体から成る集合を $A$ と $B$ の**直積**といい, $A \times B$ と表記する. すなわち,

$$A \times B = \{(a, b) \mid a \in A, b \in B\}$$

である.

**例 1.9.** 実数全体の集合 $\mathbb{R}$ に対して直積

$$\mathbb{R} \times \mathbb{R} = \{(x, y) \mid x, y \in \mathbb{R}\}$$

を考える. 図 1.6 のように, その元 $(x, y)$ を平面上の座標とみなせば, 直積 $\mathbb{R} \times \mathbb{R}$ は平面上の点全体の集合, すなわち, 平面を表す.

**問 1.14.** $A = \{1, 2\}$, $B = \{2, 3\}$ とする. 直積 $A \times B$ を求めよ.

**問 1.15.** 集合 $A$ と $B$ の元の個数を, それぞれ, $m$ と $n$ とする. 直積 $A \times B$ の元の個数を求めよ. また, そのべき集合 $\mathscr{P}(A \times B)$ の元の個数を求めよ.

**問 1.16.** 集合 $A, B, C$ に対して次式を証明せよ.

(1) $A \times (B \cup C) = (A \times B) \cup (A \times C)$　(2) $A \times (B \cap C) = (A \times B) \cap (A \times C)$

$A = \emptyset$ あるいは $B = \emptyset$ ならば，$A \times B$ の元は存在しないので，$A \times B = \emptyset$ となる．すなわち，任意の集合 $A$ に対して

$$A \times \emptyset = \emptyset \times A = \emptyset$$

が成り立つ．また，実数 $a \in \mathbb{R}$ に対して積 $a \times a$ を $a^2$ と書いたように，直積 $A \times A$ を $A^2$ と書くことが多い．このルールに従って，例 1.9 の直積 $\mathbb{R} \times \mathbb{R}$ は $\mathbb{R}^2$ と通常表記する．

**問 1.17.** 集合 $A, B$ について，$A \times B = \emptyset$ であるためには，$A = \emptyset$ または $B = \emptyset$ であることが必要十分であることを示せ．

さらに，$n$ を 3 以上の自然数とし，$n$ 個の集合 $A_1, \ldots, A_n$ に対して，各 $A_i$ から 1 つずつ元 $a_i$ を取り，順番に並べて組 $(a_1, \ldots, a_n)$ を作る．2 つの組 $(a_1, \ldots, a_n)$ と $(a'_1, \ldots, a'_n)$ が等しいのは $a_1 = a'_1, \ldots, a_n = a'_n$ のときに限るものと定める．このとき，このような組 $(a_1, \ldots, a_n)$ 全体の集合を $A_1, \ldots, A_n$ の**直積**といい，$A_1 \times \cdots \times A_n$ と表記する．すなわち，

$$A_1 \times \cdots \times A_n = \{(a_1, \ldots, a_n) \mid a_i \in A_i,\, i = 1, \ldots, n\}$$

である．この直積を，和の $\sum$ を用いた表記と類似的に，$\prod_{k=1}^{n} A_k$ とも書く．$n = 2$ の場合と同様に，ある $k \in \{1, \ldots, n\}$ に対して $A_k = \emptyset$ ならば，

$$\prod_{k=1}^{n} A_k = \emptyset$$

となる．

$A_1 = \cdots = A_n = A$ のとき，直積 $A \times \cdots \times A$ を $A^n$ と書くことも多い．特に，$A = \mathbb{R}$ のときは $\mathbb{R}^n$ と通常表記し，$n$ 次元実数空間を表す．直積に対しては，2.6 節でより一般的な取扱いを行う．

**問 1.18.** $k \in \mathbb{N}$ に対して $A_k = \{j \in \mathbb{N} \mid j \leqq k\}$ とおく．次の直積の元の個数を求めよ．

(1) $A_k^n$ (2) $\displaystyle\prod_{k=1}^{n} A_k$

# 第 2 章

# 集合と写像

　本章では，写像の概念の説明から始め，全射・単射や集合の濃度などの基本
事項から，選択公理やツォルンの補題，整列定理など少し高度な内容まで，集
合と写像について解説する．

## 2.1　写像とは

　2 つの集合 $A, B$ を考える．**写像** $f : A \to B$ とは，図 2.1 のように，任意の
$a \in A$ に対して $f(a) \in B$ が 1 つ定まる規則のことをいう．$f$ を $A$ から $B$ への
写像ともいう．ここで，$A$ を $f$ の**定義域**，$B$ を $f$ の**値域**と呼ぶ．ただし，数学
の分野によっては，$B$ の部分集合

$$\{b \in B \mid b = f(a), a \in A\}$$

を値域と呼ぶ場合もあるので注意する．$b = f(a)$ のとき，$b$ を $f$ による $a$ の
**像**といい，$a$ を $f$ による $b$ の**原像**という．2 つの写像 $f, g : A \to B$ は，任意の

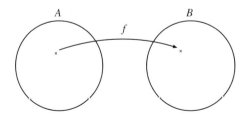

図 2.1: 写像

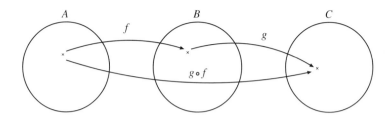

図 2.2: 合成写像

元 $a \in A$ に対して $f(a) = g(a)$ となるとき，写像として**等しい**といい，$f = g$ または $g = f$ と表す．また，$A$ から $B$ への写像全体のなす集合を $B^A$ と記す．

**例 2.1.** 2 次関数 $f(x) = x^2$ を考える．これは実数 $x \in \mathbb{R}$ を実数 $x^2 \in \mathbb{R}$ に対応づけるから，写像 $f : \mathbb{R} \to \mathbb{R}$ を与える．ここで，定義域と値域は実数全体の集合 $\mathbb{R}$ である．値域を変更し，

$$\mathbb{R}_+ = \{x \in \mathbb{R} \mid x \geqq 0\}$$

に取ることも可能で，その場合は $\mathbb{R}$ から $\mathbb{R}_+$ への写像ということになる．また，複素数 $x \in \mathbb{C}$ を複素数 $x^2 \in \mathbb{C}$ に対応づけることもでき，この場合，定義域と値域を $\mathbb{C}$ として，$\mathbb{C}$ から $\mathbb{C}$ への写像を与える．

**例 2.2.** 2 変数関数 $f(x, y) = xy$ を考える．これは実数の組 $(x, y) \in \mathbb{R}^2$ を実数 $xy \in \mathbb{R}$ に対応づけるから，直積集合 $\mathbb{R}^2$ から $\mathbb{R}$ への写像 $f$ を与える．

**問 2.1.** $A$ と $B$ を空でない有限集合とし，それぞれの元の個数を $m$ と $n$ とする．集合 $B^A$ の元の個数を求めよ．

$A, B, C$ を集合とし，$f : A \to B$，$g : B \to C$ を写像とする．図 2.2 のように，任意の $a \in A$ に $g(f(a)) \in C$，すなわち，$a$ の $f$ による像 $f(a) \in B$ のさらに $g$ による像を対応させる写像を，$f$ と $g$ の**合成写像**といい，$g \circ f : A \to C$ と表す．すなわち，

$$(g \circ f)(a) = g(f(a)), \quad a \in A,$$

である．

**定理 2.1** (結合法則)．写像 $f : A \to B$，$g : B \to C$，$h : C \to D$ の合成について次式が成り立つ．

$$h \circ (g \circ f) = (h \circ g) \circ f$$

証明.   任意の $x \in A$ に対して

$$(h \circ (g \circ f))(x) = h((g \circ f)(x)) = h(g(f(x)),$$

$$((h \circ g) \circ f)(x) = (h \circ g)(f(x)) = h(g(f(x))$$

となる．よって，結論を得る．                                    □

例 2.3.  $f(x,y) = xy$ と $g(x) = x^2$ によって定められる写像 $f : \mathbb{R}^2 \to \mathbb{R}$ と $g : \mathbb{R} \to \mathbb{R}$ に対して，合成写像 $h = g \circ f : \mathbb{R}^2 \to \mathbb{R}$ は $h(x,y) = x^2 y^2$ で与えられる．

$f : A \to B$ を写像とする．$A$ の部分集合 $A_1$ に対して，$B$ の部分集合 $\{f(a) \mid a \in A_1\}$ を $f$ による $A_1$ の**像**といい，$f(A_1)$ と書く．すなわち，

$$f(A_1) = \{f(a) \mid a \in A_1\}$$

である．また，$B$ の部分集合 $B_1$ に対して，$A$ の部分集合 $\{a \in A \mid f(a) \in B_1\}$ を $f$ による $B_1$ の**逆像**または**原像**といい，$f^{-1}(B_1)$ と書く．すなわち，

$$f^{-1}(B_1) = \{a \in A \mid f(a) \in B_1\}$$

である．特に，$f(\emptyset) = \emptyset$，$f^{-1}(\emptyset) = \emptyset$，$f(A) \subset B$，$f^{-1}(B) = A$ である．

例 2.4.  例 2.1 の $f(x) = x^2$ により定まる写像 $f : \mathbb{R} \to \mathbb{R}$ に対して，$f(\mathbb{R}) = \mathbb{R}_+$ である．また，定義域と値域を変更して $f : \mathbb{C} \to \mathbb{C}$ とすると $f(\mathbb{C}) = \mathbb{C}$ となる．

問 2.2.  写像 $f : [0, 2\pi] \to [-1, 1]$，$g : \mathbb{R} \to \mathbb{R}$ を $f(x) = \cos x$，$g(x) = x^2$ によって定める．合成写像 $h = g \circ f$ に対して次の問いに答えよ．

(1) $I_1 = (0, \pi/6) \cup (\pi/6, \pi/3)$ に対する像 $h(I_1)$ を求めよ．

(2) $I_2 = (0, 1/2)$ に対する原像 $h^{-1}(I_2)$ を求めよ．

問 2.3.  写像 $f : A \to B$，$g : B \to C$ と部分集合 $A_1 \subset A$，$C_1 \subset C$ に対して，次式が成立することを示せ．

(1) $(g \circ f)(A_1) = g(f(A_1))$   (2) $(g \circ f)^{-1}(C_1) = f^{-1}(g^{-1}(C_1))$

定理 2.2.  $f : A \to B$ を写像とする．$A$ の部分集合 $A_1, A_2$ と $B$ の部分集合 $B_1, B_2$ に対して次式が成り立つ．

**(1)** $f(A_1 \cup A_2) = f(A_1) \cup f(A_2)$

**(2)** $f(A_1 \cap A_2) \subset f(A_1) \cap f(A_2)$

**(3)** $f^{-1}(B_1 \cup B_2) = f^{-1}(B_1) \cup f^{-1}(B_2)$

**(4)** $f^{-1}(B_1 \cap B_2) = f^{-1}(B_1) \cap f^{-1}(B_2)$

**(5)** $A_1 \subset f^{-1}(f(A_1))$

**(6)** $f(f^{-1}(B_1)) \subset B_1$

**(7)** $f(A_1) - f(A_2) \subset f(A_1 - A_2)$

**(8)** $f^{-1}(B_1) - f^{-1}(B_2) = f^{-1}(B_1 - B_2)$

定理 2.2 において，(2) と (5) から (7) では両辺が必ずしも等しくならないことに注意する．

**証明.** (1) 定義より直ちに次を得る．

$$f(A_1) \cup f(A_2) = \{f(a) \mid a \in A_1\} \cup \{f(a) \mid a \in A_2\}$$
$$= \{f(a) \mid a \in A_1 \cup A_2\} = f(A_1 \cup A_2)$$

(2) $a_1 = a_2$ ならば $f(a_1) = f(a_2)$ であることに注意すれば，次を得る．

$$f(A_1 \cap A_2) = \{b \in B \mid b = f(a), a \in A_1 \cap A_2\}$$
$$\subset \{b \in B \mid b = f(a_1) = f(a_2), a_1 \in A_1, a_2 \in A_2\}$$
$$= f(A_1) \cap f(A_2)$$

(3) $f(a) \in B_1 \cup B_2$ は，$f(a) \in B_1$ または $f(a) \in B_2$，すなわち，$a \in f^{-1}(B_1)$ または $a \in f^{-1}(B_2)$ と同値である．よって，次を得る．

$$f^{-1}(B_1 \cup B_2) = \{a \in A \mid f(a) \in B_1 \cup B_2\}$$
$$= \{a \in A \mid a \in f^{-1}(B_1) \cup f^{-1}(B_2)\}$$
$$= f^{-1}(B_1) \cup f^{-1}(B_2)$$

(4) $f(a) \in B_1 \cap B_2$ は，$f(a) \in B_1$ かつ $f(a) \in B_2$，すなわち，$a \in f^{-1}(B_1)$ かつ $a \in f^{-1}(B_2)$ と同値である．よって，次を得る．

$$f^{-1}(B_1 \cap B_2) = \{a \in A \mid f(a) \in B_1 \cap B_2\}$$
$$= \{a \in A \mid a \in f^{-1}(B_1) \cap f^{-1}(B_2)\}$$
$$= f^{-1}(B_1) \cap f^{-1}(B_2)$$

(5) $a \in A_1$ とすると，$f(a) \in f(A_1)$ であるから $a \in f^{-1}(f(A_1))$ となる．よって，結論を得る．

(6) $b \in f(f^{-1}(B_1))$ とする. このとき, $b = f(a)$ となるような $a \in f^{-1}(B_1)$ が存在する. よって, $b \in B_1$ となり, 結論を得る.

(7) $f(a) \notin f(A_2)$ のとき $a \notin A_2$ であるから, 次を得る.

$$f(A_1) - f(A_2) = \{b \in B \mid b = f(a), a \in A_1 かつ b \notin f(A_2)\}$$
$$\subset \{f(a) \mid a \in A_1 - A_2\} = f(A_1 - A_2)$$

(8) 定義より

$$f^{-1}(B_1) - f^{-1}(B_2) = \{a \in A \mid f(a) \in B_1 かつ f(a) \notin B_2\}$$
$$= \{a \in A \mid f(a) \in B_1 - B_2\} = f^{-1}(B_1 - B_2)$$

となる. □

**問 2.4.** 写像 $f : \mathbb{R} \to \mathbb{R}$ を $f(x) = x^2$ により定める. $\mathbb{R}$ の部分集合 $A_1 = (-2, 1)$, $A_2 = (1, 2)$, $B_1 = (-1, 1)$ に対して次の集合を求めよ.
(1) $f(A_1 \cap A_2)$  (2) $f(A_1) \cap f(A_2)$  (3) $f^{-1}(f(A_1))$  (4) $f(f^{-1}(B_1))$
(5) $f(A_1) - f(A_2)$  (6) $f(A_1 - A_2)$

## 2.2 全射・単射

$A, B$ を 2 つの集合とする. 写像 $f : A \to B$ について, 任意の元 $b \in B$ に対して $b = f(a)$ となる元 $a \in A$ が存在するとき, $f$ は**全射**であるという. $f$ が全射であることを, 論理記号 $\forall$(任意の) と $\exists$(存在する) を用いて表現すると,

$$\forall b \in B \quad \exists a \in A \quad b = f(a)$$

となる. また, $A$ の元 $a_1, a_2$ に対して, $a_1 \neq a_2$ ならば $f(a_1) \neq f(a_2)$ となるとき, $f$ は**単射**であるという. 写像 $f$ が全射かつ単射であるとき, $f$ は**全単射**であるといい, また, **1 対 1 の対応**であるともいう.

**例 2.5.** $A, B$ を有限集合, $A$ と $B$ の元の個数を $m$ と $n$ とする. 次が成り立つ.
(1) $m = n$ のとき, $A$ から $B$ への全単射が存在する.
(2) $m < n$ のとき, $A$ から $B$ への全射は存在しない.
(3) $m > n$ のとき, $A$ から $B$ への単射は存在しない.

**例 2.6.** $x \in \mathbb{R}$ に対して $\lfloor x \rfloor$ によって $x$ 以下の最大の整数を表す．例えば，円周率 $\pi$ に対して $\lfloor \pi \rfloor = 3$ となる．$f(x) = \lfloor x \rfloor$ で与えられる写像 $f : \mathbb{R} \to \mathbb{Z}$ は全射である．

**例 2.7.** $A$ を各項が 0 または 1 の無限数列から成る集合，すなわち，

$$A = \{\{a_n\}_{n=1}^{\infty} \mid a_n \in \{0, 1\}, n \in \mathbb{N}\}$$

とする．このとき，$\{a\}_{n=1}^{\infty} \in A$ に対して

$$f(\{a\}_{n=1}^{\infty}) = \sum_{n=1}^{\infty} \frac{2a_n}{3^n} \tag{2.1}$$

により定められる写像 $f : A \to \mathbb{R}$ は単射である．

**例 2.8.** $A$ を集合とする．任意の $B \subset A$ に対して，$a \in A$ のとき

$$\chi_B(a) = \begin{cases} 1 & (a \in B) \\ 0 & (a \notin B) \end{cases}$$

によって定められる写像 $\chi_B : A \to \{0, 1\}$ を $B$ の **定義関数** という．このとき，$B \in \mathscr{P}(A)$ に対して

$$\varphi(B) = \chi_B$$

によって定められる写像 $\varphi : \mathscr{P}(A) \to \{0, 1\}^A$ は全単射である．ここで，$\{0, 1\}^A$ は前節の記法により $A$ から $\{0, 1\}$ への写像全体の集合を表す．実際，$B \neq B'$ ならば $\chi_B \neq \chi_{B'}$ であり，任意の写像 $f : A \to \{0, 1\}$ に対して $B = f^{-1}(1)$ とおけば $f = \chi_B$ となる．これを根拠として $\mathscr{P}(A)$ はしばしば $2^A$ と表される．

**問 2.5.** 次の写像 $f$ が全単射であることを示せ

(1) $f(n) = (-1)^n \lfloor n/2 \rfloor$ で与えられる写像 $f : \mathbb{N} \to \mathbb{Z}$

(2) $f((p, q)) = 2^{p-1}(2q - 1)$ で与えられる写像 $f : \mathbb{N}^2 \to \mathbb{N}$

(3) $f(x) = \tan(x - \frac{1}{2})\pi$ で与えられる写像 $f : (0, 1) \to \mathbb{R}$

**問 2.6.** 定理 2.2 について，$f$ が単射であれば (2)，(5) と (7) において等号が成り立ち，$f$ が全射であれば (6) において等号が成り立つことを示せ．

　$A \subset B$ とする．任意の元 $a \in A$ に対して $i(a) = a$ となる写像 $i : A \to B$ を **包含写像** という．特に，$A = B$ のときは **恒等写像** といい，本書では $1_A : A \to A$ と記す．

一般に，$f : A \to B$ が全単射であるとき，任意の $b \in B$ に対して $b = f(a)$ となる $a \in A$ がただ1つ存在する．したがって，$b \in B$ に対して $b = f(a)$ となる $a \in A$ を対応させる，$B$ から $A$ の写像を定めることができる．この写像を $f$ の逆写像といい，$f^{-1} : B \to A$ と書く．

**定理 2.3.** $A, B$ を集合とし，$f : A \to B$，$g : B \to A$ を写像とする．$f \circ g = 1_B$ ならば，$f$ は全射で，$g$ は単射である．さらに，$g \circ f = 1_A$ ならば，$f, g$ はともに全単射であり，$g$ は $f$ の，$f$ は $g$ の逆写像である，

**証明.** $f \circ g = 1_B$ とする．任意の $b \in B$ に対して $a = g(b)$ とおけば，

$$f(a) = f(g(b)) = b$$

となる．よって，$f$ は全射である．また，$b_1, b_2 \in B$ に対して $g(b_1) = g(b_2)$ ならば，

$$b_1 = f(g(b_1)) = f(g(b_2)) = b_2$$

となる．よって，$g$ は単射である．

さらに，$g \circ f = 1_A$ とする．上の議論より $f, g$ は全単射で，$f(a) = b$ ならば，$f(g(b)) = b$ より $a = g(b)$ となる．よって，$g = f^{-1}$ である．同様に，$g(b) = a$ ならば，$g(f(a)) = a$ より $b = f(a)$ となる．よって，$f = g^{-1}$ である．　　　　$\square$

**例 2.9.** 次式で与えられる写像 $f : \mathbb{R} \to (-1, 1)$ と $g : (-1, 1) \to \mathbb{R}$ を考える．

$$f(x) = \frac{x}{1 + |x|}, \quad g(y) = \frac{y}{1 - |y|}$$

このとき，$f, g$ は全単射で，

$$g(f(x)) = \frac{x/(1 + |x|)}{1 - |x|/(1 + |x|)} = x, \quad f(g(y)) = \frac{1/(1 - |y|)}{1 + |x|/(1 - |y|)} = y$$

を満たす．よって，定理2.3により，$f = g^{-1}$ かつ $g = f^{-1}$ を得る．

**定理 2.4.** $A, B, C$ を集合とし，$f : A \to B$，$g : B \to C$ を写像とする．

**(1)** $f, g$ が全射ならば，$g \circ f$ も全射である．

**(2)** $f, g$ が単射ならば，$g \circ f$ も単射である．

**(3)** $f, g$ が全単射ならば，$g \circ f$ も全単射で，その逆写像は $(g \circ f)^{-1} = f^{-1} \circ g^{-1}$ で与えられる．

**証明.** (1) $f, g$ が全射であると仮定する．任意の $c \in C$ に対して，$c = g(b)$ となる $b \in B$ が存在し，さらに $b = f(a)$ となる $a \in A$ も存在する．よって，$g \circ f$ も全射である．

(2) $f, g$ を単射とし，$a, a' \in A$ に対して $g(f(a)) = g(f(a'))$ と仮定する．このとき，$g$ が単射より $f(a) = f(a')$，よって，$f$ が単射より $a = a'$ を得る．よって，$g \circ f$ も単射である．

(3) $f, g$ が全単射であると仮定する．(1) と (2) より，$g \circ f$ も全単射である．また，任意の $a \in A$ に対して $c = g(f(a)) \in C$ とすると，$g^{-1}(c) = f(a)$ であるから $a = f^{-1}(g^{-1}(c))$ となる．よって，$(g \circ f)^{-1} = f^{-1} \circ g^{-1}$ を得る． $\square$

**問 2.7.** 写像 $f : A \to B$, $g : B \to C$ について次のことを示せ．

(1) $g \circ f$ が全射ならば，$g$ も全射である．

**(2)** $g \circ f$ が単射ならば，$f$ も単射である．

## 2.3　集合族

$\Lambda$ を空でない集合とする．各元 $\lambda \in \Lambda$ に対してある集合 $A_\lambda$ が対応しているとき，それら全体から成る集合族

$$\mathscr{A} = \{A_\lambda \mid \lambda \in \Lambda\} = \{A_\lambda\}_{\lambda \in \Lambda}$$

を**添字付き集合族**という．また，$\Lambda$ を**添字集合**，その元 $\lambda \in \Lambda$ を**添字**という．

いま，$\{A_\lambda \mid \lambda \in \Lambda\}$ を添字付き集合族とする．少なくとも 1 つの $A_\lambda$ に属する元全体から成る集合を，集合族 $\{A_\lambda \mid \lambda \in \Lambda\}$ の**和集合**といい，

$$\bigcup_{\lambda \in \Lambda} A_\lambda \quad \text{または} \quad \bigcup \{A_\lambda \mid \lambda \in \Lambda\}$$

と表す．すなわち，

$$\bigcup_{\lambda \in \Lambda} A_\lambda = \{a \mid \exists \lambda \in \Lambda, a \in A_\lambda\}$$

である．また，すべての $A_\lambda$ に属する元全体から成る集合を，集合族 $\{A_\lambda \mid \lambda \in \Lambda\}$ の**共通部分**といい，

$$\bigcap_{\lambda \in \Lambda} A_\lambda \quad \text{または} \quad \bigcap \{A_\lambda \mid \lambda \in \Lambda\}$$

と表す. すなわち,

$$\bigcap_{\lambda \in \Lambda} A_\lambda = \{a \mid \forall \lambda \in \Lambda, a \in A_\lambda\}$$

である.

**例 2.10.** 実数 $\lambda \in (0,1)$ に対して $A_\lambda = [0, \lambda) \subset \mathbb{R}$ とおく. 添字付き集合族 $\{A_\lambda\}_{\lambda \in (0,1)}$ に対して次式が成り立つ.

$$\bigcup_{\lambda \in (0,1)} A_\lambda = [0,1), \qquad \bigcap_{\lambda \in (0,1)} A_\lambda = \{0\}$$

**問 2.8.** 実数 $\lambda \in (0,1)$ に対して $A_\lambda = (\lambda, 1) \subset \mathbb{R}$ とおく. 添字付き集合族 $\{A_\lambda\}_{\lambda \in (0,1)}$ に対して, $\bigcup_{\lambda \in (0,1)} A_\lambda$ と $\bigcap_{\lambda \in (0,1)} A_\lambda$ を求めよ.

$B$ を任意の集合として, 定理 1.5 のように **分配法則** が成り立つ.

$$B \cup \left( \bigcap_{\lambda \in \Lambda} A_\lambda \right) = \bigcap_{\lambda \in \Lambda} (B \cup A_\lambda),$$
$$B \cap \left( \bigcup_{\lambda \in \Lambda} A_\lambda \right) = \bigcup_{\lambda \in \Lambda} (B \cap A_\lambda) \tag{2.2}$$

また, $X$ を任意の集合として, 次のように, 定理 1.6 のド・モルガンの法則も一般化される.

$$X - \bigcup_{\lambda \in \Lambda} A_\lambda = \bigcap_{\lambda \in \Lambda} (X - A_\lambda), \quad X - \bigcap_{\lambda \in \Lambda} A_\lambda = \bigcup_{\lambda \in \Lambda} (X - A_\lambda) \tag{2.3}$$

**問 2.9.** 式 (2.2) と (2.3) を示せ

$X$ が普遍集合で, 各 $\lambda \in \Lambda$ に対して $A_\lambda \subset X$ となっている場合は, $\mathscr{A} = \{A_\lambda\}_{\lambda \in \Lambda}$ を $X$ の **部分集合族** という. このとき, $\mathscr{A}$ はベキ集合 $\mathscr{P}(X)$ の部分集合である. また, 式 (2.3) は次のように表される.

$$\left( \bigcup_{\lambda \in \Lambda} A_\lambda \right)^c = \bigcap_{\lambda \in \Lambda} A_\lambda^c, \quad \left( \bigcap_{\lambda \in \Lambda} A_\lambda \right)^c = \bigcup_{\lambda \in \Lambda} A_\lambda^c$$

さらに, 定理 2.2 と同様に次が成り立つ.

**定理 2.5.** $A, B$ を 2 つの集合, $f : A \to B$ を写像とし, $\mathscr{A} = \{A_\lambda\}_{\lambda \in \Lambda}$ と $\mathscr{B} = \{B_\mu\}_{\mu \in M}$ を, それぞれ, $A$ と $B$ の部分集合から成る, 添字集合 $\Lambda$ と $M$ の添字付き集合族とする. このとき, 次式が成り立つ.

**(1)** $f(\bigcup_{\lambda \in \Lambda} A_\lambda) = \bigcup_{\lambda \in \Lambda} f(A_\lambda)$

**(2)** $f(\bigcap_{\lambda \in \Lambda} A_\lambda) \subset \bigcap_{\lambda \in \Lambda} f(A_\lambda)$

**(3)** $f^{-1}(\bigcup_{\mu \in M} B_\mu) = \bigcup_{\mu \in M} f^{-1}(B_\mu)$

**(4)** $f^{-1}(\bigcap_{\mu \in M} B_\mu) = \bigcap_{\mu \in M} f^{-1}(B_\mu)$

ここで，**(2)** において，$f$ が単射ならば等号が成り立つ (問 2.6 を参照せよ).

**問 2.10.** 定理 2.5 を証明せよ.

　添字集合が $\Lambda = \mathbb{N}$，すなわち，自然数全体の集合であるときは，しばしば，集合族 $\{A_\lambda\}_{\lambda \in \Lambda}$ の和集合および共通部分を，それぞれ，

$$\bigcup_{n=1}^{\infty} A_n \quad \text{および} \quad \bigcap_{n=1}^{\infty} A_n$$

と表す．また，

$$\limsup_{n \to \infty} A_n = \bigcap_{k=1}^{\infty} \bigcup_{n=k}^{\infty} A_n$$

を**上極限集合**といい，

$$\liminf_{n \to \infty} A_n = \bigcup_{k=1}^{\infty} \bigcap_{n=k}^{\infty} A_n$$

を**下極限集合**という．上極限集合は無限個の $A_n$ に属する元全体の集合であり，下極限集合は有限個の $A_n$ を除いた，それ以外のすべての $A_n$ に属する元全体の集合である．一般に，上極限集合と下極限集合の間には

$$\liminf_{n \to \infty} A_n \subset \limsup_{n \to \infty} A_n \tag{2.4}$$

なる関係が成り立つ．実際，$\bigcap_{n=1}^{\infty} A_n \subset \bigcap_{n=2}^{\infty} A_n \subset \cdots \subset \bigcap_{n=k}^{\infty} A_n \subset A_k$ より，各 $j \in \mathbb{N}$ に対して

$$\bigcup_{k=1}^{\infty} \bigcap_{n=k}^{\infty} A_n = \bigcup_{k=j}^{\infty} \bigcap_{n=k}^{\infty} A_n \subset \bigcup_{k=j}^{\infty} A_k$$

となるから，

$$\liminf_{n \to \infty} A_n = \bigcup_{k=1}^{\infty} \bigcap_{n=k}^{\infty} A_n \subset \bigcap_{j=1}^{\infty} \bigcup_{k=j}^{\infty} A_k = \limsup_{n \to \infty} A_n$$

である．式 (2.4) において両辺が一致するとき，これを**極限集合**といい，

$$\lim_{n \to \infty} A_n = \liminf_{n \to \infty} A_n = \limsup_{n \to \infty} A_n$$

と表す．添字集合が $\Lambda = \mathbb{Z}$, すなわち，整数全体の集合であるときも，同様の取り扱いが可能である．

**例 2.11.** $n \in \mathbb{N}$ に対して $A_n = \{q/n \mid q \in \mathbb{Z}\}$ とおく．$n$ が $k$ の倍数のとき $A_k \subset A_n$, $n$ と $k$ が互いに素のとき $A_k \cap A_n = \mathbb{Z}$ であることに注意すると，

$$\bigcup_{n=k}^{\infty} A_n = \mathbb{Q}, \quad \bigcap_{n=k}^{\infty} A_n = \mathbb{Z}$$

を得る．よって，次が成り立つ．

$$\liminf_{n \to \infty} A_n = \mathbb{Z}, \quad \limsup_{n \to \infty} A_n = \mathbb{Q}$$

**問 2.11.** $A_n = \{q/n \mid q \in \mathbb{N}, q < n\}$ $(n \in \mathbb{N})$ に対して，上極限および下極限集合を求めよ．

## 2.4 集合の濃度

$A, B$ を 2 つの集合とする．$A$ から $B$ への全単射が存在するとき，$A$ と $B$ は**濃度が等しい**といい，$A \sim B$ と表す．$A \sim B$ でないことを，$A \nsim B$ と表す．定義より直ちに，3 つの集合 $A, B, C$ に対して次が成り立つ．

**(1)** $A \sim A$

**(2)** $A \sim B$ ならば $B \sim A$

**(3)** $A \sim B$ かつ $B \sim C$ ならば $A \sim C$

**例 2.12.** 例 2.5 より，有限集合 $A, B$ に対して，$A$ と $B$ の濃度が等しいことは，それらの元の個数が一致することと同値である．

自然数全体の集合 $\mathbb{N}$ と濃度の等しい集合を**可算集合**といい，有限集合と可算集合をまとめて**高々可算集合**という．以下の例で示すように，集合 $\mathbb{N}, \mathbb{Z}, \mathbb{Q}$ は元の個数が一見全く違うようであるが，それらの濃度は等しい．

**例 2.13.** (1) 問 2.5(1) により，整数全体の集合 $\mathbb{Z}$ は可算集合である．

(2) 問 2.5(2) により，直積 $\mathbb{N} \times \mathbb{N}$ は可算集合である．

(3) 可算集合 $A$ の無限部分集合 $B$ は可算集合である．実際，全単射 $f : A \to \mathbb{N}$ が存在し，$b \in B$ に対して有限集合 $\{b' \in B \mid f(b') \leqq f(b)\}$ の元の個数を

$g(b)$ とすれば，写像 $g : B \to \mathbb{N}$ は全単射である．

(4) 有理数全体の集合 $\mathbb{Q}$ は可算集合である．実際，(1) と (2) より $\mathbb{N} \times \mathbb{Z}$ は可算集合で，その無限部分集合

$$A = \{(p, q) \in \mathbb{N} \times \mathbb{Z} \mid p \text{ と } q \text{ は互いに素} \}$$

も (3) より可算集合であり，$f((p, q)) = q/p$ により定まる写像 $f : A \to \mathbb{Q}$ は全単射である．

**問 2.12.** 偶数および奇数全体の集合は可算集合であることを示せ．

**問 2.13.** 可算集合 $A, B$ の直積 $A \times B$ は可算集合となることを示せ．

次の定理に示されるように，無限集合は必ずしも可算集合ではない．

**定理 2.6. 実数全体の集合 $\mathbb{R}$ は可算集合ではない.**

**証明.** 左半開区間 $(0, 1] \subset \mathbb{R}$ が可算集合でなければ，例 2.13(3) より，集合 $\mathbb{R}$ は可算集合ではないので，これを示せば良い．背理法を用いる．

まず，区間 $(0, 1]$ が可算集合であると仮定し，全単射 $f : \mathbb{N} \to (0, 1]$ が存在するものとする．このとき，各 $n \in \mathbb{N}$ に対して，$f(n) \in (0, 1]$ を

$$f(n) = 0.a_1(n)a_2(n)a_3(n)\cdots$$

(すなわち，

$$f(1) = 0.a_1(1)a_2(1)a_3(1)\cdots,$$
$$f(2) = 0.a_1(2)a_2(2)a_3(2)\cdots,$$
$$\cdots$$

) と無限小数に展開する．ここで，1 と 0.2 のような有限小数も $0.999\cdots$ と $0.1999\cdots$ のように無限小数で表すことにすれば，この展開は一意的である．さらに，各 $n \in \mathbb{N}$ に対して

$$b_n = \begin{cases} 1 & (a_n(n) \text{ が偶数のとき}); \\ 2 & (a_n(n) \text{ が奇数のとき}) \end{cases}$$

とおき，実数 $b \in (0, 1]$ を無限小数

$$b = 0.b_1 b_2 b_3 \cdots$$

により定める. 写像 $f : \mathbb{N} \to (0, 1]$ が全射より, $b = f(n)$ となる $n \in \mathbb{N}$ が存在する. 一方, 定義より, 任意の $j \in \mathbb{N}$ に対して $b_j \neq a_j(j)$ だから, 特に $b_n \neq a_n(n)$, すなわち, $b \neq f(n)$ でなければならない. これは矛盾である. よって, 区間 $(0, 1]$ は可算集合でない. □

上の定理で用いた証明法をカントールの**対角線論法**という. 集合 $\mathbb{R}$ のように可算集合でない無限集合を**非可算集合**という.

**例 2.14.** すべての無限集合は可算部分集合を含む. 実際, $A$ を無限集合とすると, $a_1 \in A$, $a_2 \in A - \{a_1\}$, ..., $a_n \in A - \{a_1, \ldots, a_{n-1}\}$ と次々に元 $a_n \in A$ を取ることができ, 明らかに, $\{a_1, a_2, \ldots, a_n, \ldots\} \subset A$ は可算集合である.

**定理 2.7** (ベルンシュタイン). 2 つの集合 $A, B$ について, $A$ から $B$ への単射および $B$ から $A$ への単射がともに存在するならば, $A$ と $B$ は**濃度が等しい**.

**証明.** $A$ から $B$ への単射および $B$ から $A$ への単射を

$$f : A \to B, \quad g : B \to A$$

とする. このとき, 全単射 $h : A \to B$ を構成できることを示して, 定理を証明する. $f(A) = B$ または $g(B) = A$ ならば, $f$ または $g$ は全単射で $h = f$ または $h = g^{-1}$ とすれば良いので, $f(A) \subsetneqq B$ かつ $g(B) \subsetneqq A$ と仮定する.

まず, $A_0 = A - g(B) \neq \emptyset$ とおき, $B, A$ の部分集合列 $B_i, A_i$ $(i = 1, 2, \ldots)$ を帰納的に

$$B_i = f(A_{i-1}), \quad A_i = g(B_i)$$

により定義し, 集合 $A_+, B_+$ を次のように定める.

$$A_+ = \bigcup_{i=0}^{\infty} A_i, \quad B_+ = \bigcup_{i=1}^{\infty} B_i$$

ここで, $A_i \cap A_j = B_i \cap B_j = \emptyset$ $(i, j = 1, 2, \ldots)$ である. 定理 2.5(1) より

$$f(A_+) = \bigcup_{i=0}^{\infty} f(A_i) = \bigcup_{i=1}^{\infty} B_i = B_+$$

であり, $B_+ \subsetneqq B$ となる. $A_+ = A$ ならば, 再び, 定理 2.5(1) より

$$A = \bigcup_{i=0}^{\infty} A_i = (A - g(B)) \cup \left( \bigcup_{i=1}^{\infty} g(B_i) \right) = (A - g(B)) \cup g(B_+)$$

となるから，$g(B) \subset A$ より $g(B) = g(B_+)$ であり，$g$ が単射より $B = B_+$ を得る．よって，$A_+ \neq A$ であり，写像 $\bar{f} : A_+ \to B_+$ を $a \in A_+$ に対して $\bar{f}(a) = f(a)$ と定めれば，$\bar{f}$ は全単射となる．

一方，

$$A_- = A - A_+, \quad B_- = B - B_+$$

とおくと，定理 2.2(7) と 2.5(1)，$g(B) \subset A$ および $g$ が単射であること (問 2.6 も参照) より，

$$
\begin{aligned}
g(B_-) &= g(B) - g(B_+) = A - A_0 - \bigcup_{i=1}^{\infty} g(B_i) \\
&= A - \bigcup_{i=0}^{\infty} A_i = A - A_+ = A_-
\end{aligned}
$$

が成り立つ．よって，写像 $\bar{g} : B_- \to A_-$ を $b \in B_-$ に対して $\bar{g}(b) = g(b)$ と定めれば，$\bar{g}$ は全単射となる．したがって，

$$
h(a) = \begin{cases}
\bar{f}(a) & a \in A_+ \text{ のとき}; \\
\bar{g}^{-1}(a) & a \in A_- \text{ のとき}
\end{cases}
$$

によって定めれば，写像 $h : A \to B$ は全単射であり，結論を導く．　　　□

**例 2.15.** 集合 $\mathbb{R}$ は閉区間 $[0, 1]$ と濃度が等しい．実際，明らかに包含写像 $i : [0, 1] \to \mathbb{R}$ は単射であり，

$$f(x) = \frac{1}{\pi} \arctan x + \frac{1}{2}$$

で与えられる写像 $f : \mathbb{R} \to [0, 1]$ も単射である (問 2.5(3) を参照) から，定理 2.7 より結論を得る．同様に，$\mathbb{R}$ は一般の空でない閉区間や開区間，半開区間とも濃度が等しい．

**例 2.16.** 集合 $\mathbb{R}$ と直積 $\mathbb{R}^2$ は濃度が等しい．これは以下のように示される．まず，$f(x) = (x, 0)$ で与えられる写像 $f : (0, 1] \to (0, 1]^2$ は明らかに単射である．一方，任意の $a, b \in (0, 1]$ を定理 2.6 の証明のように無限小数に展開し，

$$a = 0.a_1 a_2 a_3 \cdots, \quad b = 0.b_1 b_2 b_3 \cdots$$

と表して, 写像 $g : (0,1]^2 \to (0,1]$ を

$$g((a,b)) = 0.a_1 b_1 a_2 b_2 a_3 b_3 \cdots$$

により定める. 明らかに $(a,b) \neq (a',b')$ のとき $g((a,b)) \neq g((a',b'))$ となるから, $g$ は単射である. よって, 定理 2.7 より $(0,1] \sim (0,1]^2$ となる. 最後に, 例 2.15 より $\mathbb{R} \sim (0,1]$ かつ $\mathbb{R}^2 \sim (0,1]^2$ であるから, $\mathbb{R} \sim \mathbb{R}^2$ を得る.

**例 2.17.** $x, y \in \mathbb{R}$ に対して $f(x,y) = x + iy$ によって定まる, 直積 $\mathbb{R}^2$ から複素数全体の集合 $\mathbb{C}$ への写像 $f$ は全単射である. よって, 例 2.16 より $\mathbb{C}$ も $\mathbb{R}$ と濃度が等しい.

**例 2.18.** 整数係数の多項式の根となるような複素数を**代数的数**という. 代数的数全体の集合は可算集合である. 実際, 整数係数の $n$ 次多項式

$$f(x) = a_n x^n + a_{n-1} x^{n-1} + \cdots + a_1 x + a_0$$

に対して $\rho(f) = n + \sum_{k=0}^{n} |a_k|$ とおき, $A_n$ を $\rho(f) = n$ となる整数係数の多項式全体の集合とすると, 任意の $n \in \mathbb{N}$ に対して $A_n$ は有限集合である. よって, $n$ 次方程式は重複度を含めてちょうど $n$ 個の複素根をもつ (**ガウスの代数学の基本定理**) から, 代数的数全体の集合は可算集合となる.

**問 2.14.** $A$ を例 2.7 で取りあげた各項が 0 または 1 の無限数列から成る集合とし, $k \in \mathbb{N}$ に対して

$$A_k = \{\{a_n\}_{n=1}^{\infty} \in A \mid a_{n+k} = a_n, n \in \mathbb{N}\}$$

とおく. 次の問いに答えよ.

(1) $|A_k|$ を求めよ.　(2) $\displaystyle\bigcup_{k=1}^{\infty} A_k$ は可算集合であることを示せ.

(3) $A$ は可算集合でないことを示せ.

　一般に, 集合 $A, B$ について, $A$ から $B$ への単射が存在するが, $A$ と $B$ は濃度が等しくないとき, $A$ は $B$ より**濃度が小さい**, または, $B$ は $A$ より**濃度が大きい**という.

**例 2.19.** 集合 $\mathbb{R}$ は $\mathbb{Q}$ より濃度が大きい. 実際, 明らかに包含写像 $i : \mathbb{Q} \to \mathbb{R}$ は単射であるが, 例 2.13(4) と定理 2.6 より $\mathbb{R} \not\sim \mathbb{Q}$ である.

$A$ が有限集合のとき，その元の個数を $|A|$, $\mathrm{card}\,A$ または $\#A$ と表し，集合 $A$ の**有限の濃度**という．それに対して，$A$ が無限集合ときも，その濃度を**無限の濃度**といい，$|A|$, $\mathrm{card}\,A$ または $\#A$ と書く．特に，集合 $\mathbb{N}$ の濃度を**可算の濃度**といい，記号 $\aleph_0$ (アレフ・ゼロと読む) を用いて表す．例えば，$|\mathbb{N}| = \aleph_0$ と書く．また，集合 $\mathbb{R}$ の濃度を**連続の濃度**といい，記号 $\aleph$ を用いて表す．例えば，$|\mathbb{R}| = \aleph$ と書く．同様に，$A$ と $B$ の濃度が等しいとき $|A| = |B|$，$A$ が $B$ よりも濃度が小さいとき $|A| < |B|$，大きいとき $|A| > |B|$ と書く．$\aleph_0$ と $\aleph$ の間の濃度をもつ集合は存在しないという仮説を**連続体仮説**という．

**問 2.15.** 例 2.7 の集合 $A$ に対して $|A| = \aleph$ が成り立つことを示せ．

次の定理が示すように，いくらでも大きな濃度の集合が存在する．

**定理 2.8.** 任意の集合 $A$ に対して，$A$ のべき集合 $\mathscr{P}(A)$ の濃度は $A$ の濃度よりも大きい，すなわち，次式が成り立つ．

$$|A| < |\mathscr{P}(A)|$$

**証明.** まず，$A \ni a \to \{a\} \in \mathscr{P}(A)$ により定められる，$A$ から $\mathscr{P}(A)$ の写像は単射であるから

$$|A| \leqq |\mathscr{P}(A)|$$

が成り立つ．$|A| = |\mathscr{P}(A)|$ と仮定する．このとき，全単射 $f : A \to \mathscr{P}(A)$ が存在し，$a \in f(a)$ か $a \notin f(a)$ のどちらかが成り立つ．

$$B = \{a \in A \mid a \notin f(a)\}$$

とおく．$f$ が全射であることより，ある $b \in A$ が存在して，$f(b) = B$ となる．$b \in B$ ならば，$f(b) = B$ より $b \in f(b)$ であるが，$B$ の定義からは $b \notin f(b)$ となる．一方，$b \notin B$ ならば，$f(b) = B$ より $b \notin f(b)$ であるが，$B$ の定義からは $b \in f(b)$ となる．どちらの場合も矛盾が生じ，$|A| < |\mathscr{P}(A)|$ を得る．　□

例 2.8 で集合 $A$ のべき集合 $\mathscr{P}(A)$ を $2^A$ と表すことを述べたが，また，その濃度を $2^{|A|}$ と書くこともある．実際，$A$ が有限集合ならば，命題 1.1 より $|\mathscr{P}(A)| = 2^{|A|}$ である．この記法を用いると，定理 2.8 より，任意の集合 $A$ に対して $|A| < 2^{|A|}$ となる．

**問 2.16.** $|\mathscr{P}(\mathbb{N})| = \aleph$ であることを示せ．

## 2.5 同値関係と商集合

空でない集合 $X$ において，次の 3 つの条件を満たすとき，2 つの元に対する関係 $\sim$ は**同値関係**という．

(1) 任意の $x \in X$ に対して $x \sim x$ (反射律)

(2) 任意の $x, y \in X$ に対して $x \sim y$ ならば $y \sim x$ (対称律)

(3) 任意の $x, y, z \in X$ に対して $x \sim y$ かつ $y \sim z$ ならば $x \sim z$ (推移律)

同値関係 $\sim$ に対して，$x \sim y$ である元 $x, y \in X$ は**同値**であるという．

**例 2.20.** (1) 任意の集合 $X$ に対して，相等関係 "$=$" は，明らかに上の条件 (1) から (3) を満たし，同値関係を与える．

(2) $n > 1$ を整数とする．$x, y \in \mathbb{Z}$ は，$x - y$ が $n$ で割り切れるとき，$n$ を**法と**して**合同**といい，$x \equiv y \pmod{n}$ と書く．この関係 $\equiv \pmod{n}$ も同値関係である．実際，条件 (1) と (2) が成り立つのは明らかであり，任意の $x, y, z \in \mathbb{Z}$ に対して，$x - z = (x - y) + (y - z)$ であるから，$x \equiv y \pmod{n}$ かつ $y \equiv z \pmod{n}$ ならば，$x \equiv z \pmod{n}$ となり，条件 (3) も成り立つ．

(3) 集合 $A, B$ に対して濃度が等しい，すなわち，$|A| = |B|$ であるとき $A \sim B$ とする．関係 $\sim$ も同値関係となる．

**問 2.17.** $x, y \in \mathbb{R}$ に対して，$x - y \in \mathbb{Z}$ のとき $x \sim y$ とする．関係 $\sim$ が $\mathbb{R}$ における同値関係となることを示せ．

**問 2.18.** $X, Y$ を空でない集合とし，$f : X \to Y$ を写像とする．$x, x' \in X$ に対して $f(x) = f(x')$ のとき $x \sim x'$ とする．関係 $\sim$ が $X$ における同値関係となることを示せ．この同値関係 $\sim$ を**写像 $f$ に付随する同値関係**という．

集合 $X$ に同値関係 $\sim$ が与えられるとき，$x \in X$ に対して，$X$ の部分集合

$$R(x) = \{y \in X \mid y \sim x\}$$

を元 $x$ の**同値類**という．$R(x)$ の代わりに $[x]$ と記すこともある．明らかに，$x \in R(x)$ であり，$x \sim y$ なら $R(x) = R(y)$ となる．また，$R(x) \cap R(y) \neq \emptyset$ ならば，$z \in R(x) \cap R(y)$ となる元 $z$ が存在するから，$R(x) = R(y) (= R(z))$ となる．さらに，

$$X = \bigcup_{x \in X} R(x)$$

が成り立ち，$X$ の同値類全体の集合の相異なる 2 つの元は互いに交わらないの

で，上の和は直和に取れる．同値類全体の集合を $X$ の $\sim$ による**商集合**とよび，$X/\sim$ と書く．$X$ の $\sim$ による同値類 $R$ は，それに含まれる 1 つの元 $x \in R$ を指定することにより，$R = R(x)$ と完全に決定される．この意味で，同値類 $R$ に属する各元を $R$ の**代表**という．$X$ の各元 $x$ に商集合 $X/\sim$ の各元 $R(x)$ を対応させれば，$X$ から $X/\sim$ への写像が得られる．この写像を，$X$ から $X/\sim$ への**標準射影**あるいは**自然な射影**という．明らかに，標準射影は $X$ から $X/\sim$ への全射である．

**例 2.21.** 例 2.20(2) で与えた，$\mathbb{Z}$ に対する同値関係 $\equiv \pmod{n}$ を考える．対応する商集合 $\mathbb{Z}/\equiv \pmod{n}$ は，代数学で**位数** $n$ の**巡回群**と呼ばれるものとなり，しばしば $\mathbb{Z}/n\mathbb{Z}$ と書かれる．$\mathbb{Z}/n\mathbb{Z} = \{R(0), \ldots, R(n-1)\}$ で，元の個数は $\#(\mathbb{Z}/n\mathbb{Z}) = n$ であり，各元の代表として $0, \ldots, n-1$ を取ることができる．また，標準射影 $\mathbb{Z} \to \mathbb{Z}/n\mathbb{Z}$ は，各整数 $x \in \mathbb{Z}$ にそれを $n$ で割った余りを対応させるものとみなせる．

**例 2.22.** 問 2.17 の $\mathbb{R}$ に対する同値関係 $\sim$ を考える．対応する商集合 $\mathbb{R}/\sim$ の代表を $x \in [0, 1)$ に選べば，点 $(\cos 2\pi x, \sin 2\pi x)$ 全体の集合は（半径 1 の）円周 $\mathbb{S}^1 = \{(x_1, x_2) \in \mathbb{R} \mid x_1^2 + x_2^2 = 1\}$ を表す．

**例 2.23.** $V$ を線形空間とし，$W \subset V$ を線形部分空間とする．このとき，元 $u, v \in V$ に対して，$u - v \in W$ ならば $u \sim v$ と定義すると，関係 $\sim$ は $V$ における同値関係となる．商集合 $V/\sim$ は通常 $V/W$ と書かれ，**商線形空間**と呼ばれる．また，標準射影 $V \to V/W$ は，各 $u \in V$ に $u+W := \{u+w \mid w \in W\} \in V/W$ を対応させる写像となる．

**問 2.19.** 問 2.18 において，$X = Y = \mathbb{R}$，$f : x \mapsto \cos x$ とする．商集合 $X/\sim$ はどんな集合か．

　$f$ をある集合 $X$ から集合 $Y$ への写像とし，写像 $f$ に付随する同値関係 $\sim$ を考える（問 2.18 を参照）．写像 $g : (X/\sim) \to f(X)$ を

$$g(R(x)) = f(x)$$

により定めると，$f(x) = f(x')$ ならば $R(x) = R(x')$ であるから，写像 $g$ は全単射となる．$g$ を**写像 $f$ に付随する全単射**という．さらに，$\pi : X \to X/\sim$ を

標準射影, $i : f(X) \to Y$ を包含写像とすると,

$$f = i \circ g \circ \pi \tag{2.5}$$

が成り立つ. このように, 任意の写像 $f$ はつねに $\pi, g, i$ の3つの成分に分解されることがわかる.

**問 2.20.** $f$ が全射のとき式 (2.5) を簡単化せよ. また, $f$ が単射のときはどうなるか.

## 2.6 一般の直積と選択公理

1.4 節で取りあげた集合の**直積**を一般化する. 添字集合 $\Lambda$ の添字付き集合族 $\{A_\lambda\}_{\lambda \in \Lambda}$ を考える. 写像 $a : \Lambda \to \bigcup_{\lambda \in \Lambda} A_\lambda$ のうちで, 条件

$$a(\lambda) \in A_\lambda \tag{2.6}$$

を満足するもの全体を集合族 $\{A_\lambda\}_{\lambda \in \Lambda}$ の**直積**といい, $\prod_{\lambda \in \Lambda} A_\lambda$ と表す. 各 $A_\lambda$ を**直積因子**という. $a_\lambda = a(\lambda)$ として直積に属する元 $a$ を

$$a = (a_\lambda)_{\lambda \in \Lambda}$$

とも書く. 特に, $n \in \mathbb{N}$ として $\Lambda = \{1, \ldots, n\}$ の場合, 集合族 $\{A_1, \ldots, A_n\}$ の直積は, $a_1 \in A_1, \ldots, a_n \in A_n$ を満たす組 $(a_1, \ldots, a_n)$ 全体の集合となり, 1.4 節で定義したものに一致する. また, 1.4 節のように, 直積を

$$A_1 \times \cdots \times A_n \quad \text{または} \quad \prod_{\lambda=1}^{n} A_\lambda$$

と書くこともある. 同様に, $\Lambda = \mathbb{N}$ の場合は, $\prod_{\lambda=1}^{\infty} A_\lambda$ と書いたりする.

集合族 $\{A_\lambda\}_{\lambda \in \Lambda}$ において, $A_\lambda = \emptyset$ であるような $\lambda \in \Lambda$ が少なくとも1つ存在するならば, その直積は, 1.4 節で述べた場合のように, $\prod_{\lambda \in \Lambda} A_\lambda = \emptyset$ となる. このことの対偶は,

「$\prod_{\lambda \in \Lambda} A_\lambda \neq \emptyset$ ならば, すべての $\lambda \in \Lambda$ に対して $A_\lambda \neq \emptyset$ となる」

ということになるが, その逆にあたる命題を**選択公理**といい, 通常そうするように, 本書でも, 1つの公理として認めて議論を進めることにする. すなわち,

次をことを公理として仮定する.

**(選択公理)** すべての $\lambda \in \Lambda$ に対して $A_\lambda \neq \emptyset$ ならば, $\prod_{\lambda \in \Lambda} A_\lambda \neq \emptyset$ が成り立つ.

選択公理は, 空でない集合から成る集合族 $\{A_\lambda\}_{\lambda \in \Lambda}$ が与えられたとき, 直積 $\prod_{\lambda \in \Lambda} A_\lambda$ の元 $a$, すなわち, 式 (2.6) を満足する写像 $a : \Lambda \to \bigcup_{\lambda \in \Lambda} A_\lambda$ が (少なくとも 1 つ) 存在するということを意味する. 元 $a \in \prod_{\lambda \in \Lambda} A_\lambda$ を集合族 $\{A_\lambda\}_{\lambda \in \Lambda}$ の**選択関数**という. また, $\lambda \in \Lambda$ を 1 つ固定したとき, $\prod_{\lambda \in \Lambda} A_\lambda$ の元 $a$ が $\lambda$ において取る値 $a(\lambda)$ を, $a$ の $\lambda$-**成分**という. さらに, $\prod_{\lambda \in \Lambda} A_\lambda$ の元 $a$ にその $\lambda$-成分を対応づける写像

$$p_\lambda : \prod_{\lambda \in \Lambda} A_\lambda \to A_\lambda$$

を, $\prod_{\lambda \in \Lambda} A_\lambda$ から $A_\lambda$ への**射影**という. また, $p_\lambda(a) = a(\lambda)$ が成り立つ.

**命題 2.9.** 各 $\lambda \in \Lambda$ に対して射影 $p_\lambda$ は全射である.

**証明.** 各 $\lambda_0 \in \Lambda$ に対して, 選択公理により元 $\tilde{a}_{\lambda_0} \in \prod_{\lambda \neq \lambda_0} A_\lambda$ が存在し, 任意の元 $x \in A_{\lambda_0}$ に対して,

$$a(\lambda) = \begin{cases} \tilde{a}_{\lambda_0}(\lambda) & (\lambda \neq \lambda_0 \text{ のとき}) \\ x & (\lambda = \lambda_0 \text{ のとき}) \end{cases}$$

を満たす元 $a \in \prod_{\lambda \in \Lambda} A_\lambda$ が存在する. よって, 結論を得る. □

選択公理は, $\Lambda$ が有限集合の場合には明らかに正しい. しかし, $\Lambda$ が無限集合の場合には, すべての $A_\lambda$ から $a_\lambda$ を同時に選択することが可能かどうかは一般に不明であり, 選択公理が成り立つことはそう明らかではない. 実際, 公理的集合論の枠組みの中で, 選択公理を他の公理からは導けないことが証明されている. 興味ある読者は, 例えば, 文献 [8,9] を参照されたい. また, 例 2.14 では, 選択公理が暗黙のうちに用いられていた.

**例 2.24.** 例 2.10 の添字付き集合族 $\{A_\lambda\}_{\lambda \in (0,1)}$ において, 任意の $\lambda \in (0,1)$ に対して $A_\lambda \neq \emptyset$ であるから, 選択公理により $\prod_{\lambda \in (0,1)} A_\lambda \neq \emptyset$ となる. また, 各 $\lambda \in (0,1)$ と $x \in A_\lambda$ に対して, $a(\lambda) = x$ を満たす元 $a \in \prod_{\lambda \in (0,1)} A_\lambda$ が存在する.

**問 2.21.** 添字集合 $\Lambda$ をもつ添字付き集合族 $\{A_\lambda\}_{\lambda \in \Lambda}$, $\{B_\lambda\}_{\lambda \in \Lambda}$ を考える. 各 $\lambda \in \Lambda$ に対して $A_\lambda \neq \emptyset$ が成り立つとき, $\prod_{\lambda \in \Lambda} A_\lambda \subset \prod_{\lambda \in \Lambda} B_\lambda$ であるためには, 任意の $\lambda \in \Lambda$ に対して $A_\lambda \subset B_\lambda$ となることが必要十分であることを示せ.

## 2.7 順序集合と整列集合

空でない集合 $X$ において, 次の3つの条件を満たすとき, 2つの元に対する関係 $\leqq$ は**順序関係**あるいは**順序**であるという.

(1) 任意の $x \in X$ に対して $x \leqq x$ (反射律)

(2) 任意の $x, y \in X$ に対して $x \leqq y$ かつ $y \leqq x$ ならば $x = y$ (反対称律)

(3) 任意の $x, y, z \in X$ に対して $x \leqq y$ かつ $y \leqq z$ ならば $x \leqq z$ (推移律)

順序 $\leqq$ が与えられた集合 $X$ を**順序集合**といい, $(X, \leqq)$ と書く. 順序が明らかな場合は, $\leqq$ を省略して単に順序集合 $X$ ということもある. また, 2つの元 $x, y \in X$ は, $x \leqq y$ または $y \leqq x$ のいずれかが成立するとき, **比較可能**という. $X$ の任意の2つの元が必ず比較可能であるとき, 関係 $\leqq$ は $X$ における**全順序**であるという. 全順序 $\leqq$ が与えられた集合 $X$ を**全順序集合**といい, $(X, \leqq)$ と書く. 順序集合の場合と同様に, 単に全順序集合 $X$ ということもある. 全順序に対して, 一般の順序を**半順序**という場合もある.

**例 2.25.** $\mathbb{R}$ およびその部分集合 $\mathbb{N}, \mathbb{Z}, \mathbb{Q}$ は通常の大小関係 $\leqq$ によって全順序集合となる. 以下では, 特に明記しなければ, これらの集合はこの順序関係により全順序集合であるものと考える.

**例 2.26.** 任意の集合族は包含関係 $\subset$ によって順序集合となる. この順序集合は一般には全順序集合とはならない.

$(X, \leqq)$ を順序集合とする. $A$ が空でない $X$ の部分集合のとき, 順序関係 $\leqq$ を $A$ に制限すれば, 順序集合 $(A, \leqq)$ が得られる. $(A, \leqq)$ を $(X, \leqq)$ の**部分順序集合**という. さらに, $(A, \leqq)$ が全順序集合ならば, **全順序部分集合**と呼ぶ.

任意の $x \in X$ に対して, $x \leqq a$ が成り立つとき $a \in X$ を $X$ の**最大元**, $a \leqq x$ が成り立つとき $a \in X$ を $X$ の**最小元**といい, それぞれ, $\max X$ および $\min X$ と書く. $\max X$ や $\min X$ は必ずしも存在しないが, 存在すれば一意的である. 例えば, $a, a' \in X$ を最大元とすると, $a \leqq a'$ かつ $a' \leqq a$ が成り立ち, 反対称

律により $a = a'$ となる. また, $a < x$ となる $x \in X$ が存在しないとき $a \in X$ を**極大元**, $x < a$ となる $x \in X$ が存在しないとき $a \in X$ を**極小元**という. 極大元と極小元も必ずしも存在しないが, 複数存在することもある. 最大元と最小元が存在すれば, それぞれ, ただ 1 つの極大元と極小元となる. 全順序集合の場合は, 最大元と極大元, 最小元と極小元の概念は, それぞれ, 一致する.

**例 2.27.** $A = \{1, 2\}$, $B = \{3, 4\}$ とし, 集合族 $\mathscr{A} = \mathscr{P}(A) \cup \mathscr{P}(B)$ において, 包含関係 $\subset$ による順序を考える (例 2.26 を参照). $A, B$ は極大元, 空集合 $\emptyset$ は最小元となる. 最大元は存在しない.

$A$ を $X$ の空でない部分集合とする. 任意の $x \in A$ に対して, $x \leqq a$ が成り立つとき $a \in X$ を $A$ の**上界**, $a \leqq x$ が成り立つとき $a \in X$ を $A$ の**下界**という. 上界が存在するとき $A$ は**上に有界**, 下界が存在するとき $A$ は**下に有界**という. また, $A$ が上にも下にも有界であるとき, 単に**有界**という. いま, $A^*$ および $A_*$ を, それぞれ, $A$ の上界および下界全体の集合とする. $A^*$ の最小元 $\min A^*$ が存在するとき, それを $A$ の**上限**といい, $\sup A$ と書く. $A_*$ の最大元 $\max A_*$ が存在するとき, それを $A$ の**下限**といい, $\inf A$ と書く. $A$ が上と下に有界であっても, それぞれ, 上限と下限は必ずしも存在しない.

**例 2.28.** 全順序集合 $\mathbb{Q}$ において, 部分集合 $A = \{x \in \mathbb{Q} \mid x^2 < 2\}$ は (上および下に) 有界であるが, 上限も下限も存在しない.

全順序集合 $\mathbb{R}$ には次の重要な性質がある (詳細は, 例えば, 文献 [2] の 1.5 節または [7] の 1 章の 3 節を参照せよ).

**定理 2.10.** 全順序集合 $\mathbb{R}$ において, 空でない部分集合 $A$ が上に有界であれば上限 $\sup A$ が存在し, 下に有界であれば下限 $\inf A$ が存在する.

$(X, \leqq)$ と $(X', \leqq')$ を順序集合とする. 写像 $f : X \to X'$ は, $x, y \in X$ に対して, $x \leqq y$ ならば $f(x) \leqq' f(y)$ となるとき, **順序を保つ**という. さらに, 全単射 $f : X \to X'$ が存在して, $f$ と $f^{-1}$ がともに順序を保つとき, $(X, \leqq)$ と $(X', \leqq')$ は**順序同型**といい,

$$(X, \leqq) \cong (X', \leqq')$$

と表し, $f$ を**順序同型写像**という. 順序同型について次の関係が成り立つ.

(1) $(X, \leqq) \cong (X, \leqq)$

(2) $(X, \leqq) \cong (X', \leqq')$ ならば $(X', \leqq') \cong (X, \leqq)$

(3) $(X, \leqq) \cong (X', \leqq')$ かつ $(X', \leqq') \cong (X'', \leqq'')$ ならば $(X, \leqq) \cong (X'', \leqq'')$

**例 2.29.** $A_n = \{k \in \mathbb{N} \mid k \leqq n\}$ とし，集合族 $\mathscr{A} = \{A_n \mid n \in \mathbb{N}\}$ において包含関係 $\subset$ による順序を考える．$(\mathscr{A}, \subset)$ と $(\mathbb{N}, \leqq)$ は順序同型である．順序同型写像 $f : \mathscr{A} \to \mathbb{N}$ は，例えば，$n \in \mathbb{N}$ として $f(A_n) = n$ で与えられる．

**問 2.22.** $\mathbb{N}$ と $\mathbb{Z}$ は順序同型か．

$(X, \leqq)$ を順序集合とする．空でない $X$ の部分集合がつねに最小元をもつとき，$(X, \leqq)$ を**整列集合**という．任意の2つの元 $x, y$ に対して部分集合 $\{x, y\}$ が最小元をもつから，整列集合は全順序集合となる．また，整列集合の部分集合も整列集合である．

**例 2.30.** $\mathbb{N}$ は整列集合であるが，$\mathbb{Z}, \mathbb{Q}, \mathbb{R}$ は整列集合でない．

**問 2.23.** 整列集合と順序同型な順序集合は整列集合であることを示せ．

順序集合 $(X, \leqq)$ において，$x, y \in X$ に対して $x \leqq y$ かつ $x \neq y$ であることを $x < y$ と書くことにする．$(X, \leqq)$ が整列集合のとき，$X$ の元 $a$ に対して，

$$X\langle a \rangle = \{x \in X \mid x < a\}$$

を，$X$ の $a$ による**切片**という．明らかに，$a' < a$ のとき次が成り立つ．

$$(X\langle a \rangle)\langle a' \rangle = X\langle a' \rangle \tag{2.7}$$

**例 2.31.** 整列集合 $\mathbb{N}$ に対して，$a \in \mathbb{N}$ として，切片は次のようになる．

$$\mathbb{N}\langle a \rangle = \begin{cases} \{1, \ldots, a-1\} & (a > 1 \text{ のとき}) \\ \emptyset & (a = 1 \text{ のとき}) \end{cases}$$

**問 2.24.** 整列集合 $(X, \leqq)$ において，$a = \min(X - A)$ ならば $X\langle a \rangle \subset A$ となることを示せ．

**命題 2.11.** 整列集合 $(X, \leqq)$ に対して次が成り立つ．

(1) $f : X \to X$ を順序を保つ単射とする．このとき，任意の $x \in X$ に対して $x \leqq f(x)$ となる．

(2) 任意の $x \in X$ に対して $(X, \leqq)$ と $(X\langle x \rangle, \leqq)$ は順序同型とはならない．また，相異なる任意の2つの元 $x, x' \in X$ に対して $(X\langle x \rangle, \leqq)$ と $(X\langle x' \rangle, \leqq)$ は順序同型とはならない．

**(3)** $A \subset X$ が条件

$$x \in A,\ y \in X,\ y < x \implies y \in A \tag{2.8}$$

を満たすならば，$A$ は $X$ 自身であるか $A$ のある切片に一致する．

**証明.** (1) ある $x \in X$ に対して $f(x) < x$ となるものと仮定する．このとき，$A = \{x \in X \mid f(x) < x\}$ とし，$x_0 = \min A$ とおけば，$x_0 \in A$ より $f(x_0) < x_0$ となる．一方，$f$ は単射で順序を保つから $f(f(x_0)) < f(x_0)$ となり，$f(x_0) \in A$ を得る．これは，$x_0 = \min A$ に矛盾する．

(2) 順序同型写像 $f : X \to X\langle x \rangle$ が存在するものとする．このとき，(1) より，$x \in X$ に対して $x \leqq f(x)$ となる．一方，$f(x) \in X\langle x \rangle$ より $f(x) < x$ となり，矛盾する．後半も同様である．

(3) $A \neq X$ が条件 (2.8) を満たすとき，$A$ が $X$ のある切片となることを示す．$X - A \neq \emptyset$ より，$a = \min(X - A)$ が存在する．まず，$x \in X\langle a \rangle$ とすると，問 2.24 により $x \in A$ となる．逆に，$x \in A$ とすると，$a \leqq x$ ならば条件 (2.8) とから $a \in A$ となり，$a \in X - A$ に矛盾する．よって，$x < a$, すなわち，$x \in X\langle a \rangle$ となり，$A = X\langle a \rangle$ が成り立つ．$\qquad\square$

**定理 2.12.** $(X, \leqq)$ と $(X', \leqq')$ を整列集合とする．このとき，次の3つのうちただ1つが必ず成り立つ．

**(1)** $(X, \leqq) \cong (X', \leqq')$

**(2)** ただ1つの $x' \in X'$ が存在して $(X, \leqq) \cong (X'\langle x' \rangle, \leqq')$

**(3)** ただ1つの $x \in X$ が存在して $(X', \leqq') \cong (X\langle x \rangle, \leqq)$

**証明.** $X, X'$ の部分集合 $A, A'$ を

$$A = \{a \in X \mid X\langle a \rangle \cong X'\langle a' \rangle \text{ を満たす } a' \in X' \text{ が存在する}\,\}$$

$$A' = \{a' \in X' \mid X\langle a \rangle \cong X'\langle a' \rangle \text{ を満たす } a \in X \text{ が存在する}\,\}$$

と定める．命題 2.11(2) により，各元 $a \in A$ に対して，$X\langle a \rangle \cong X'\langle a' \rangle$ となる元 $a' \in X'$ はただ1つである．このとき，$f(a) = a'$ により写像 $f : A \to A'$ を定める．$f$ は順序同型写像であり，次が成り立つ．

$$(A, \leqq) \cong (A', \leqq') \tag{2.9}$$

$a \in A$ とし，$g : X\langle a \rangle \to X'\langle f(a) \rangle$ を順序同型写像とする．任意の $x \in X\langle a \rangle$ に対して $y = g(x)$ とおくと，$X\langle x \rangle \cong X'\langle y \rangle$ となるから，$x \in A$ である．よって，$X\langle a \rangle \subset A$ が成り立つ．次に，$X \neq A$ と仮定し，$a_0 = \min(X - A)$ とおく．このとき，$a_0 \notin A$ であり，また $X\langle a_0 \rangle \subset A$ が成り立つ（問 2.24 を参照）．一方，$a \notin X\langle a_0 \rangle$，すなわち，$a_0 < a$ となる元 $a \in A$ が存在するならば，$a_0 \in X\langle a \rangle \subset A$ となり，$a_0 \notin A$ に矛盾する．よって，$A \subset X\langle a_0 \rangle$ である．したがって，$X \neq A$ ならば $A = X\langle a_0 \rangle$ となる．同様に，$X' \neq A'$ ならば，$a_0' = \min(X' - A')$ として $A' = X'\langle a_0' \rangle$ を得る．

さて，ある $a \in X$ と $a' \in X'$ に対して $A = X\langle a \rangle$，$A' = X'\langle a' \rangle$ であるものと仮定する．式 (2.9) より

$$(X\langle a \rangle, \leqq) \cong (X'\langle a' \rangle, \leqq')$$

が成り立ち，$a \in A$ となり，$a \notin X\langle a \rangle$ に矛盾する．したがって，$A = X$ または $A' = X'$ であり，定理の (1) から (3) のいずれかが成り立つ．

最後に，(1) から (3) の中のどの 2 つも両立しないことを示す．命題 2.11(2) より直ちに (1) と (2) または (3) が両立しないことがわかる．そこで，(2) と (3) が同時に成り立ち，ある $x \in X$ と $x' \in X'$ に対して $(X, \leqq) \cong (X'\langle x' \rangle, \leqq')$ かつ $(X\langle x \rangle, \leqq) \cong (X', \leqq')$ となるものと仮定する．$f : X \to X'\langle x' \rangle$ と $g : X' \to X\langle x \rangle$ を順序同型写像とすると，合成写像 $h = g \circ f : X \to X$ は順序を保つ単射であり，かつ $h(x) \in X\langle x \rangle$，すなわち，$h(x) < x$ を満たす．これは命題 2.11(1) に矛盾し，(2) と (3) も両立しない． $\square$

**例 2.32.** $n \in \mathbb{N}$ として，$X = \mathbb{N}$，$X' = \{k \in \mathbb{N} \mid 2 \leqq k \leqq n\} \subset \mathbb{N}$ とおき，順序関係を通常の大小関係 $\leqq$ に取る．このとき，順序同型写像 $f : X \to X'$ を $f(k) = k + 1$ として $X' \cong X\langle n - 1 \rangle$ となる．

## 2.8　ツォルンの補題と整列定理

本節では，選択公理から導かれる重要な結果である，ツォルンの補題と整列定理を述べる．まず，整列集合に関する補助的な結果を与える．

$X$ を空でない任意の集合とし，添字集合 $\Lambda$ の添字付き部分集合族 $\{A_\lambda\}_{\lambda \in \Lambda}$ を考える．各 $A_\lambda$ には順序 $\leqq_\lambda$ が定められ，$(A_\lambda, \leqq_\lambda)$ は整列集合とする．さら

に，相異なる 2 つの元 $\lambda, \lambda' \in \Lambda$ に対して，$(A_\lambda, \leqq_\lambda)$, $(A'_\lambda, \leqq_{\lambda'})$ のいずれかは他方の切片，よって部分順序集合になっているものとする．$A = \bigcup_{\lambda \in \Lambda} A_\lambda$ とおく．このとき，次が成り立つ．

**命題 2.13.** **(1)** 任意の 2 つの元 $x, y \in A$ に対して，ある $\lambda \in \Lambda$ が存在し，$x, y \in A_\lambda$ となる．

**(2)** 関係 $\leqq$ を，$x, y \in A_\lambda$ に対して，

$$x \leqq y \iff x \leqq_\lambda y$$

により定めると，これは $A$ 上の順序であり，$\lambda \in \Lambda$ の取り方に依存しない．また，$(A, \leqq)$ は整列集合となる．

**(3)** 任意の $\lambda \in \Lambda$ に対して，$(A_\lambda, \leqq_\lambda)$ は $(A, \leqq)$ に一致するかまたはその切片となる．

**証明.** (1) $x, y \in A$ ならば，$x \in A_\lambda$, $y \in A_{\lambda'}$ となる $\lambda, \lambda' \in \Lambda$ が存在する．$A_\lambda$ と $A_{\lambda'}$ のいずれか一方は他方の部分集合であるから結論を得る．

(2) まず，(1) と同様に，任意の 3 つの元 $x, y, z \in A$ に対して，ある $\lambda \in \Lambda$ が存在し，$x, y, z \in A_\lambda$ となり，関係 $\leqq$ が順序関係を与えることがわかる．また，相異なる $\lambda, \lambda' \in \Lambda$ に対して $x, y \in A_\lambda$ かつ $x, y \in A_{\lambda'}$ とする．このとき，$(A_\lambda, \leqq_\lambda)$ と $(A_{\lambda'}, \leqq_{\lambda'})$ のいずれか一方は他方の部分順序集合となるから，

$$x \leqq_\lambda y \iff x \leqq_{\lambda'} y$$

が成り立つ．よって，関係 $\leqq$ は $\lambda \in \Lambda$ の取り方に依存しない．

　一方，$B$ を $A$ の空でない任意の部分集合とする．$B \cap A_\lambda \neq \emptyset$ となる $\lambda \in \Lambda$ が存在する．$(A_\lambda, \leqq_\lambda)$ は整列集合であるから，順序 $\leqq_\lambda$ に関して最小元 $b = \min(B \cap A_\lambda)$ が存在する．$x \in B \cap A_\lambda$ ならば，$b \leqq_\lambda x$ であるから $b \leqq x$ となる．さらに，$x \in B - A_\lambda$ ならば，(1) より $x, b \in A_{\lambda'}$ となる $\lambda' (\neq \lambda) \in \Lambda$ が存在し，また，$A_{\lambda'} \not\subset A_\lambda$，よって $A_\lambda \subset A_{\lambda'}$ であるから，$(A_\lambda, \leqq_\lambda)$ は $(A_{\lambda'}, \leqq_{\lambda'})$ の切片となる．よって，$b \leqq_{\lambda'} x$ であり，$b \leqq x$ となる．したがって，$b = \min B$ であり，$(A, \leqq)$ は整列集合となる．

(3) $A_\lambda \subset A$ であり，順序 $\leqq_\lambda$ が $A_\lambda$ 上で $\leqq$ に一致するから，$(A_\lambda, \leqq_\lambda)$ は $(A, \lambda)$

の部分順序集合となる. よって, 命題 2.11(3) の条件 (2.8) を満たす, すなわち,

$$x \in A_\lambda, \, y \in A, \, y < x \implies y \in A_\lambda$$

であることを示せれば, 結論が得られる. そこで, $x \in A_\lambda$, $y \in A$, $y < x$ を仮定する. 直ちに, ある $\lambda' \in \Lambda$ に対して $x, y \in A_{\lambda'}$ となる. このとき, 仮定より, $\lambda' = \lambda$ であるか, $(A_{\lambda'}, \leqq_{\lambda'})$ が $(A_\lambda, \leqq_\lambda)$ の切片であるか, $(A_\lambda, \leqq_\lambda)$ が $(A_{\lambda'}, \leqq_{\lambda'})$ の切片であるかのいずれかとなる. 明らかに, 最初の 2 つの場合については $y \in A_\lambda$ である. 最後の場合についても, $y <_{\lambda'} x$ より式 (2.7) から $y \in A_{\lambda'}\langle x \rangle = A_\lambda \langle x \rangle$ となり, $y \in A_\lambda$ を得る. $\qquad\square$

順序集合 $(X, \leqq)$ は任意の全順序部分集合 $A \subset X$ が上に有界であるとき**帰納的**であるという.

**例 2.33.** 任意の部分集合族は包含関係 $\subset$ によって帰納的順序集合となる.

本節の重要な結果の最初のものを述べる.

**定理 2.14** (ツォルンの補題). 帰納的順序集合は極大元をもつ.

**証明.** $(X, \leqq)$ を帰納的順序集合とする. 元 $x_0 \in X$ を固定し, $\min A = x_0$ を満たす整列集合 $A \subset X$ の全体を $\mathscr{A}$ とする. 明らかに $\{x_0\} \in \mathscr{A}$ であるから, $\mathscr{A} \neq \emptyset$ となる. 各 $A \in \mathscr{A}$ に対して

$$A^* = \{x \in X \mid \text{任意の } a \in A \text{ に対して } a \leqq x\}$$

とおくと, $A$ は上に有界であるから, $A^* \neq \emptyset$ となる. よって, $A^* \subset A$ を満たす $(A, \leqq) \in \mathscr{A}$ が存在するならば, 任意の $\hat{x} \in A^*$ は $A$ の最大元であり, $\hat{x} < x$ となる $x \in X$ が存在しないから $X$ の極大元となる.

以下では, 背理法を用いて, $A^* \subset A$ を満たす $A \in \mathscr{A}$ が存在することを示す. そこで, 任意の $A \in \mathscr{A}$ に対して $A^* - A \neq \emptyset$ であると仮定する. 選択公理により, 添字集合 $\mathscr{A}$ の添字付き集合族 $\{A^* - A\}_{A \in \mathscr{A}}$ に対する選択関数 $\varphi : \mathscr{A} \to \bigcup_{A \in \mathscr{A}} (A^* - A)$ が存在し,

$$\varphi(A) \in A^* - A \tag{2.10}$$

を満たす. 各 $A \in \mathscr{A}$ に対して

$$A' = A \cup \{\varphi(A)\}$$

とおくと，$(A', \leqq)$ も整列集合で $\min A' = x_0$ を満たすから，$A' \in \mathscr{A}$ である．さらに，$a \neq x_0$ となる任意の $a \in A$ に対して $a = \varphi(A\langle a \rangle)$ を満たす $A \in \mathscr{A}$ の全体を $\mathscr{A}_0$ とする．明らかに $\{x_0\} \in \mathscr{A}_0$ であるから，$\mathscr{A}_0 \neq \emptyset$ となる．

**補題 2.15.** $A \in \mathscr{A}_0$ ならば $A' \in \mathscr{A}_0$ となる．

**証明.** $A \in \mathscr{A}$ とする．このとき，$a\,(\neq x_0) \in A$ ならば $A'\langle a \rangle = A\langle a \rangle$ となり，また，$A'\langle \varphi(A) \rangle = A$ である．よって，任意の $a\,(\neq x_0) \in A'$ に対して $a = \varphi(A'\langle a \rangle)$ となる． $\qquad\square$

**補題 2.16.** 任意の相異なる 2 つの元 $A_1, A_2 \in \mathscr{A}_0$ に対して，次のどちらかが成り立つ．

**(1)** ある元 $a_2 \in A_2$ が存在し，$A_1 = A_2\langle a_2 \rangle$

**(2)** ある元 $a_1 \in A_1$ が存在し，$A_2 = A_1\langle a_1 \rangle$

**証明.** まず，定理 2.12 により，次の 3 つのうちただ 1 つが必ず成り立つ．

$$(A_1, \leqq) \cong (A_2, \leqq), \quad (A_1, \leqq) \cong (A_2\langle a_2 \rangle, \leqq)$$
$$\text{または} \quad (A_2, \leqq) \cong (A_1\langle a_1 \rangle, \leqq)$$

ここで，$a_1 \in A_1$，$a_2 \in A_2$ である．例えば，2 番目の場合，順序同型写像を $f : A_1 \to A_2\langle a_2 \rangle$ とし，

$$\tilde{A}_1 = \{a \in A_1 \mid f(a) \neq a\}$$

とおく．特に，$f(x_0) = x_0$ である．$A_1$ が整列集合より，$\tilde{A}_1 \neq \emptyset$ ならば $\tilde{a} = \min \tilde{A}_1 \neq x_0$ が存在する．$A_1, A_2 \in \mathscr{A}_0$ かつ $A_1\langle \tilde{a} \rangle = A_2\langle f(\tilde{a}) \rangle$ だから

$$\tilde{a} = \varphi(A_1\langle \tilde{a} \rangle) = \varphi(A_2\langle f(\tilde{a}) \rangle) = f(\tilde{a})$$

となり，$\tilde{a} \in \tilde{A}_1$ であることに矛盾する．よって，$\tilde{A}_1 = \emptyset$ であり，$A_1 = A_2\langle a_2 \rangle$ となる．同様に，1 番目と 3 番目の場合に対しても，それぞれ，$A_1 = A_2$ と $A_2 = A_1\langle a_1 \rangle$ を得る． $\qquad\square$

**補題 2.17.** $X_0 = \bigcup_{A \in \mathscr{A}_0} A$ とおく．$X_0 \in \mathscr{A}_0$ が成り立つ．

**証明.** まず，命題 2.13(2) により $X_0$ は整列集合であり，$\min X_0 = x_0$ を満たす．よって，$x \neq x_0$ に対して $\varphi(X_0\langle x \rangle) = x$ であることを示せば良い．

$x \neq x_0$ となる任意の $x \in X_0$ に対して，$x \in A_1$ となる $A_1 \in \mathscr{A}_0$ を選ぶ．$A_1 \neq X_0$ と仮定し，$a_1 = \min(X_0 - A_1)$ とおく．$a_1 \in A_2$ となる $A_2 \in \mathscr{A}_0$ に対して，$a_1 \notin A_1$ により，補題 2.16 から，ある $a_2$ が存在して $A_1 = A_2 \langle a_2 \rangle$ となる．$A_2 \subset X_0$ より $A_2 \langle a_1 \rangle \subset X_0 \langle a_1 \rangle$ であり，問 2.24 を参照すると，$a_1$ の定義より $X_0 \langle a_1 \rangle \subset A_1$ となる．また，$a_2 = \min(A_2 - A_1)$ かつ $a_1 \in A_2 - A_1$ より $a_2 \leqq a_1$ となるから，$A_2 \langle a_2 \rangle \subset A_2 \langle a_1 \rangle$ を得る．以上まとめると

$$X_0 \langle a_1 \rangle \subset A_1 = A_2 \langle a_2 \rangle \subset A_2 \langle a_1 \rangle \subset X_0 \langle a_1 \rangle$$

となり，$A_1 = X_0 \langle a_1 \rangle$ が成り立つ．したがって，$x < a_1$，よって $A_1 \langle x \rangle = X_0 \langle x \rangle$ であるから $\varphi(X_0 \langle x \rangle) = \varphi(A_1 \langle x \rangle) = x$ が成り立つ．　　　　　□

補題 2.15 と 2.17 により $X_0' \in \mathscr{A}_0$ であり，よって $X_0' = X_0$ となる．これは，任意の $A \in \mathscr{A}$ に対して $A^* - A \neq \emptyset$ という仮定に矛盾する．このように，定理 2.14 の結論を得る．　　　　　□

**例 2.34.** 包含関係 $\subset$ を順序関係として，任意の部分集合族は例 2.33 で述べたように帰納的順序集合であり，極大元をもつ．

また，次が成り立つ．

**定理 2.18** (ツェルメロの整列定理). 任意の集合は，ある順序をその上に定義して整列集合にできる．

**証明.** $X$ を任意の集合とし，空でない部分集合 $A \subset X$ とその上の整列順序 $\mathfrak{o}$ の組 $(A, \mathfrak{o})$ (すなわち，整列集合 $(A, \mathfrak{o})$) の全体を $\mathscr{W}$ とする．例えば，ただ 1 つの元 $x \in X$ から成る集合 $\{x\}$ には自明な順序が一意的に定義できるので，$\mathscr{W}$ は空ではない．$\mathscr{W}$ の 2 つの元 $(A_1, \mathfrak{o}_1)$ と $(A_2, \mathfrak{o}_2)$ が等しい (すなわち，$A_1 = A_2$ かつ $\mathfrak{o}_1 = \mathfrak{o}_2$) か，$(A_1, \mathfrak{o}_1)$ が $(A_2, \mathfrak{o}_2)$ の切片となっているとき

$$(A_1, \mathfrak{o}_1) \leqq (A_2, \mathfrak{o}_2)$$

として，集合 $\mathscr{W}$ における順序関係 $\leqq$ を定義する．

**補題 2.19.** $(\mathscr{W}, \leqq)$ は帰納的順序集合である．

**証明.** $(\mathscr{W}', \leqq)$ を $(\mathscr{W}, \leqq)$ の全順序部分集合とし，

$$A_* = \bigcup \{A \mid (A, \mathfrak{o}) \in \mathscr{W}'\}$$

とおく. 命題 2.13 により, 集合 $A_*$ 上の順序 $\mathfrak{o}_*$ を次の性質を満たすように定義できる.

(1) $(A_*, \mathfrak{o}_*)$ は整列集合である.

(2) 任意の $(A, \mathfrak{o}) \in \mathscr{W}'$ は $(A_*, \mathfrak{o}_*)$ と一致するか, またはその切片, よって $(A, \mathfrak{o}) \leqq (A_*, \mathfrak{o}_*)$ となる.

明らかに $(A_*, \mathfrak{o}_*)$ は $\mathscr{W}$ における $\mathscr{W}'$ の上限となるから, 補題の結論を得る.    □

定理 2.14 と補題 2.19 から, $(\mathscr{W}, \leqq)$ は極大元をもつ. その極大元を $(A_0, \mathfrak{o}_0)$ とし, $A_0 = X$ となることを背理法により示す.

$A_0 \neq X$ と仮定する. $x_0 \in X - A_0$ とし, $A_1 = A_0 \cup \{x_0\}$ とおく. $x, y \in A_0$ に対しては $x \mathfrak{o}_0 y$ のときそのときに限って $x \mathfrak{o}_1 y$ とし, $x \in A_0$ に対しては $x \mathfrak{o}_1 x_0$ として, $x_0$ を $A_1$ の最大元とするように $A_0$ 上の順序 $\mathfrak{o}_0$ を $A_1$ 上の順序 $\mathfrak{o}_1$ に拡張する. このとき, $(A_1, \mathfrak{o}_1)$ も整列集合で, $(A_0, \mathfrak{o}_0) < (A_1, \mathfrak{o}_1)$ を満たし, $(A_0, \mathfrak{o}_0)$ が極大元であるということに矛盾する. よって, $A_0 = X$ であり, 定理の結論を得る.    □

注意 2.20. 以下のように, 整列定理 (定理 2.18) の主張を仮定すると, 選択公理を導くことができる. $\{A_\lambda\}_{\lambda \in \Lambda}$ を添字集合 $\Lambda$ の添字付き集合族で, 任意の $\lambda \in \Lambda$ に対して $A_\lambda \neq \emptyset$ とし, $X = \bigcup_{\lambda \in \Lambda} A_\lambda$ とおく. 定理 2.18 の主張を仮定すれば, 適当な順序 $\leqq$ が存在して $(X, \leqq)$ は整列集合となる. したがって, 各 $\lambda \in \Lambda$ に対して, $A_\lambda \subset X$ であるから, その最小元 $a_\lambda = \min A_\lambda$ が存在する. よって, 直積 $\prod_{\lambda \in \Lambda} A_\lambda$ は $a = (a_\lambda)_{\lambda \in \Lambda}$ を含み, 空集合ではない.

注意 2.20 より, 3 つの命題, 選択公理, ツォルンの補題 (定理 2.14) および整列定理 (定理 2.18) は同値の命題であることがわかる.

問 2.25. 2 つの集合 $A, B$ の濃度 $|A|, |B|$ に対して, $|A| = |B|$, $|A| < |B|$ または $|A| > |B|$ のいずれかが成り立つことを示せ.

# 第 3 章

# 距離空間

本章では，距離関数と距離空間の定義から始め，開集合と閉集合や連続写像を含めて完備性まで，距離空間について解説する.

## 3.1 距離空間とは

$X$ を空でない集合とする. 直積 $X \times X$ 上の実数値関数 $d : X \times X \to \mathbb{R}$ が次の条件を満たすものとする.

($\mathrm{D}_1$)　任意の $x, y \in X$ に対して $d(x, y) \geqq 0$ であり，$d(x, y) = 0$ となるのは $x = y$ のとき，そのときに限る.

($\mathrm{D}_2$)　任意の $x, y \in X$ に対して $d(x, y) = d(y, x)$ となる.

($\mathrm{D}_3$)　任意の $x, y, z \in X$ に対して次の不等式が成立する.

$$d(x, z) \leqq d(x, y) + d(y, z)$$

このとき，関数 $d$ を集合 $X$ 上の**距離関数**といい，対 $(X, d)$ または単に $X$ を**距離空間**という. また，$X$ の元を**点**と呼び，($\mathrm{D}_3$) の不等式を**三角不等式**という. 以下に，距離空間の例をいくつか与える.

**例 3.1.** (1) $n$ を自然数とし，実数全体の集合 $\mathbb{R}$ の $n$ 個の直積 $\mathbb{R}^n = \mathbb{R} \times \cdots \times \mathbb{R}$ を考える. $\mathbb{R}^n$ の任意の元 $x = (x_1, \ldots, x_n)$ と $y = (y_1, \ldots, y_n)$ に対して，$\mathbb{R}^n \times \mathbb{R}^n$ 上の実数値関数 $d^n : \mathbb{R}^n \times \mathbb{R}^n \to \mathbb{R}$ を

$$d^n(x, y) = \sqrt{(x_1 - y_1)^2 + \cdots + (x_n - y_n)^2}$$

と定義する. 関数 $d^n$ は条件 ($\mathrm{D}_1$)-($\mathrm{D}_3$) を満足し，$(\mathbb{R}^n, d^n)$ が距離空間で

あることがわかる．$(\mathbb{R}^n, d^n)$ を $n$ 次元**ユークリッド空間**といい，$d^n$ を $n$ 次元**ユークリッド距離関数**という．

(2) (1) と同様に，直積 $\mathbb{R}^n$ を考える．任意の $x = (x_1, \ldots, x_n), y = (y_1, \ldots, y_n) \in \mathbb{R}^n$ に対して，関数 $d_0^n : \mathbb{R}^n \times \mathbb{R}^n \to \mathbb{R}$ を

$$d_0^n(x, y) = \max\{|x_i - y_i| \mid i = 1, \ldots, n\}$$

と定義する．関数 $d_0^n$ は条件 $(\mathrm{D}_1)$-$(\mathrm{D}_3)$ を満足し，$(\mathbb{R}^n, d_0^n)$ が距離空間であることがわかる．

(3) $X$ を空でない任意の集合とする．任意の $x, y \in X$ に対して関数 $d : X \times X \to \mathbb{R}$ を

$$d(x, y) = \begin{cases} 1 & x \neq y \text{ のとき;} \\ 0 & x = y \text{ のとき} \end{cases}$$

と定義すると，条件 $(\mathrm{D}_1)$-$(\mathrm{D}_3)$ が成り立つ．$(X, d)$ を**離散距離空間**という．

**問 3.1.** 例 3.1 の関数 $d^n, d_0^n, d$ が条件 $(\mathrm{D}_1)$-$(\mathrm{D}_3)$ を満たすことを確認せよ．

次の例が示すように，$\mathbb{R}^n$ のような "点" の集合だけでなく，"無限数列" や "関数" の集合も距離空間とみなすことができる．

**例 3.2.** (1) 例 2.7 で取りあげた，各項が 0 または 1 の無限数列から成る集合

$$X = \{\{a\}_{n=1}^{\infty} \mid a_n \in \{0, 1\} \ (n \in \mathbb{N})\}$$

を考える．$X$ の任意の元 $a = \{a_n\}_{n=1}^{\infty}$ と $b = \{b_n\}_{n=1}^{\infty}$ に対して

$$d(a, b) = \sum_{n=1}^{\infty} 2^{-n} |a_n - b_n|$$

と定めると，$d$ は $X$ 上の距離関数となる．実際，条件 $(\mathrm{D}_1)$ と $(\mathrm{D}_2)$ が明らかに成り立ち，また，$a = \{a_n\}_{n=1}^{\infty}, b = \{b_n\}_{n=1}^{\infty}, c = \{c_n\}_{n=1}^{\infty} \in X$ に対して

$$d(a, c) = \sum_{i=1}^{\infty} 2^{-n} |a_n - c_n| \leqq \sum_{i=1}^{\infty} 2^{-n} (|a_n - b_n| + |b_n - c_n|)$$

$$= d(a, b) + d(b, c)$$

となり，条件 $(\mathrm{D}_3)$ も成り立つ．無限数列 $\{a_n\}_{n=1}^{\infty} \in X$ は，$n \in \mathbb{N}$ に対して $f(n) = a_n$ により定まる写像 $f : \mathbb{N} \to \{0, 1\}$ と同一視できる．この距

離空間 $X$ を，$\mathbb{N}$ から $\{0,1\}$ への写像全体の集合と同様に $\{0,1\}^{\mathbb{N}}$ と記す.

(2) 無限実数列から成る集合

$$X = \left\{ \{x\}_{n=1}^{\infty} \,\middle|\, x_n \in \mathbb{R} \ (n \in \mathbb{N}), \sum_{n=1}^{\infty} x_n^2 < \infty \right\}$$

を考える. $X$ の任意の元 $x = \{x_n\}_{n=1}^{\infty}$ と $y = \{y_n\}_{n=1}^{\infty}$ に対して

$$d(x,y) = \left( \sum_{i=1}^{\infty} (x_n - y_n)^2 \right)^{1/2}$$

と定めると, $d$ は $X$ 上の距離関数となる. 実際, 条件 $(\mathrm{D}_1)$ と $(\mathrm{D}_2)$ は明らかに成り立ち, また, $x = \{x_n\}_{n=1}^{\infty}, y = \{y_n\}_{n=1}^{\infty}, z = \{z_n\}_{n=1}^{\infty} \in X$ に対して,

$$\left( \sum_{i=1}^{\infty} (x_n - z_n)^2 \right)^{1/2} \leqq \left( \sum_{i=1}^{\infty} (x_n - y_n)^2 \right)^{1/2} + \left( \sum_{i=1}^{\infty} (y_n - z_n)^2 \right)^{1/2}$$

より, 条件 $(\mathrm{D}_3)$ も成り立つ. この距離空間 $X$ を $\ell^2(\mathbb{R})$ と記す.

**例 3.3.** $C[0,1]$ を閉区間 $[0,1]$ 上の実数値連続関数全体の集合とする. 任意の元 $f, g \in C[0,1]$ に対して

$$d(f,g) = \int_0^1 |f(x) - g(x)| \, \mathrm{d}x \tag{3.1}$$

と定めると, $d$ は集合 $C[0,1]$ 上の距離関数となる. 実際, 条件 $(\mathrm{D}_1)$ と $(\mathrm{D}_2)$ が成り立つのは明らかである. 特に, 対象を連続関数としているので, $d(f,g) = 0$ のとき $f = g$ となる. また, $f, g, h \in C[0,1]$ に対して

$$|f(x) - h(x)| = |(f(x) - g(x)) + (g(x) - h(x))|$$
$$\leqq |f(x) - g(x)| + |g(x) - h(x)|$$

であるから,

$$d(f,h) = \int_0^1 |f(x) - h(x)| \, \mathrm{d}x$$
$$\leqq \int_0^1 |f(x) - g(x)| \, \mathrm{d}x + \int_0^1 |g(x) - h(x)| \, \mathrm{d}x = d(f,g) + d(g,h)$$

となり, 条件 $(\mathrm{D}_3)$ も成り立つ.

**問 3.2.** (1) 無限実数列から成る集合

$$X = \left\{ \{x\}_{n=1}^{\infty} \mid x_n \in \mathbb{R} \ (n \in \mathbb{N}), \sup_{n \in \mathbb{N}} |x_n| < \infty \right\}$$

を考える. $X$ の任意の元 $x = \{x_n\}_{n=1}^{\infty}$ と $y = \{y_n\}_{n=1}^{\infty}$ に対して

$$d(x, y) = \sup_{n \in \mathbb{N}} |x_n - y_n|$$

と定めると, $d$ は $X$ 上の距離関数となることを示せ. この距離空間 $X$ を $\ell^{\infty}(\mathbb{R})$ と表す.

(2) 任意の元 $f, g \in C[0, 1]$ に対して

$$d(f, g) = \max_{x \in [0, 1]} |f(x) - g(x)|$$

と定めると, $d$ は集合 $C[0, 1]$ 上の距離関数となることを示せ. ここで, 微積分学で学んだように, 区間 $[0, 1]$ (より一般的には有界な閉区間) において, 連続関数は最大値と最小値をもつことに注意せよ.

　距離空間 $(X, d)$ において, $A$ を空でない $X$ の部分集合とする. 距離関数 $d : X \times X \to \mathbb{R}$ の定義域を $A \times A$ に制限した関数を $d_A : A \times A \to \mathbb{R}$ とすると, $d_A$ は $A$ 上の距離関数となる. このようにして得られる距離空間 $(A, d_A)$ を**部分距離空間**という.

**例 3.4.** 例 3.1(1) で $n = 1$ とした 1 次元ユークリッド空間 $(\mathbb{R}, d^1)$ を考える.

(1) 開区間 $I = (0, 1)$ を部分集合 $A$ に取る. 1 次元ユークリッド関数 $d^1 : \mathbb{R} \times \mathbb{R} \to \mathbb{R}$ の定義域を $I \times I$ に制限した関数を $d_I^1 : I \times I \to \mathbb{R}$ とすると, $d_I^1$ は $I$ 上の距離関数であり, $(I, d_I^1)$ は $(\mathbb{R}, d^1)$ の部分距離空間となる.

(2) 有理数全体の集合 $\mathbb{Q}$ を部分集合 $A$ に取る. $d^1$ の定義域を $\mathbb{Q} \times \mathbb{Q}$ に制限した関数を $d_{\mathbb{Q}}^1 : \mathbb{Q} \times \mathbb{Q} \to \mathbb{R}$ とすると, $d_{\mathbb{Q}}^1$ は $\mathbb{Q}$ 上の距離関数であり, $(\mathbb{Q}, d_{\mathbb{Q}}^1)$ も $(\mathbb{R}, d^1)$ の部分距離空間となる.

## 3.2　開集合と閉集合

　$(X, d)$ を距離空間とする. 点 $a \in X$ と正数 $\varepsilon$ に対して, 集合

$$B(a; \varepsilon) = \{x \in X \mid d(a, x) < \varepsilon\}$$

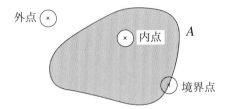

外点 ×

内点

×

$A$

境界点

**図 3.1:** 内点，外点，境界点

を点 $a$ の $\varepsilon$-**開球体**または $\varepsilon$-**近傍**という．$A$ を $X$ の部分集合とする．点 $a \in A$ について，

$$B(a;\varepsilon) \subset A$$

となる正数 $\varepsilon$ が存在するとき，$a$ を $A$ の**内点**という．$A$ の内点全体の集合を $A$ の**内部**といい，$A^\circ$，$A^i$ または $\mathrm{Int}\,A$ と表す．明らかに $A^\circ \subset A$ が成り立つ．また，点 $a \in X$ について

$$B(a;\varepsilon) \cap A = \emptyset$$

となる正数 $\varepsilon$ が存在するとき，$a$ を $A$ の**外点**という．$A$ の外点全体の集合を $A$ の**外部**といい，$A^e$ と表す．定義より直ちに

$$A^e = (A^c)^\circ, \quad A^e \cap A^\circ = \emptyset \tag{3.2}$$

が成り立つ．さらに，任意の正数 $\varepsilon$ に対して

$$B(a;\varepsilon) \cap A \neq \emptyset, \quad B(a;\varepsilon) \cap A^c \neq \emptyset$$

が成り立つとき，$a \in X$ を $A$ の**境界点**という．$A$ の境界点全体の集合を $A$ の**境界**といい，$A^f$ または $\partial A$ と表す．明らかに

$$A^f = (A^c)^f, \quad A^f \cap A^\circ = A^f \cap A^e = \emptyset \tag{3.3}$$

が成り立ち，$X$ は $A^\circ, A^e, A^f$ の直和となる：

$$X = A^\circ \cup A^e \cup A^f \tag{3.4}$$

図 3.1 に，上で定義した内点，外点，境界点について視覚的な説明を与える．ここで，小さな円が $\varepsilon$-開球体を表している．

点 $x \in X$ について，任意の正数 $\varepsilon$ に対して

$$B(x;\varepsilon) \cap A \neq \emptyset$$

が成り立つとき，$x$ を $A$ の**触点**という．$A$ の触点全体の集合を $A$ の**閉包**といい，$\overline{A}$ または $\mathrm{cl}A$ で表す．定義より直ちに，$A \subset \overline{A}$ かつ

$$\overline{A} = A^\circ \cup A^f \tag{3.5}$$

が成り立つ．$A = A^\circ$ のとき $A$ を**開集合**，$A = \overline{A}$ のとき $A$ を**閉集合**という．

**例 3.5.** 1 次元ユークリッド空間 $(\mathbb{R}, d^1)$ において，$a < b$ として開区間 $(a,b)$ と閉区間 $[a,b]$ を考える．任意の $x \in \mathbb{R}$ に対して $B(x;\varepsilon) = (x-\varepsilon, x+\varepsilon)$ である．$x \in (a,b)$ のとき，十分小さな正数 $\varepsilon$ を選べば $B(x;\varepsilon) \in (a,b)$ となる．よって，開区間 $(a,b)$ は開集合である．一方，$x \in [a,b]$ のとき，任意の正数 $\varepsilon$ に対して，$B(x;\varepsilon) \cap [a,b] \neq \emptyset$ となる．よって，閉区間 $[a,b]$ は閉集合である．さらに，$B(a;\varepsilon) \cap (a,b) \neq \emptyset$，$B(a;\varepsilon) \cap (a,b)^c \neq \emptyset$，$B(b;\varepsilon) \cap (a,b) \neq \emptyset$，$B(b;\varepsilon) \cap (a,b)^c \neq \emptyset$ であるから，$a, b$ は開区間 $(a,b)$ の境界点である．同様に，$a, b$ は閉区間 $[a,b]$ の境界点でもあり，$(a,b)$ の閉包は $\overline{(a,b)} = [a,b]$ となる．

**例 3.6.** 任意の点 $a \in X$ と正数 $\varepsilon$ の $\varepsilon$-開球体 $B(a;\varepsilon)$ に対して以下が成り立つ．

(1) $B(a;\varepsilon)^\circ = B(a;\varepsilon)$

(2) $B(a;\varepsilon)^e \supset \{x \in X \mid d(a,x) > \varepsilon\}$

(3) $B(a;\varepsilon)^f \subset \{x \in X \mid d(a,x) = \varepsilon\} =: S(a;\varepsilon)$

(4) $\overline{B(a;\varepsilon)} \subset \{x \in X \mid d(a,x) \leqq \varepsilon\} =: B^*(a;\varepsilon)$

ここで，(2)-(4) で等号が必ずしも成立しないことに注意する．(3) は (1) と (2) および式 (3.4) から，(4) は (1) と (3) および式 (3.5) から直ちに導かれる．(1) と (2) は以下のように示される．

(1) 任意の $x \in B(a;\varepsilon)$ に対して，$\delta = \varepsilon - d(a,x)$ とおくと，$\delta > 0$ であり，$B(x;\delta) \subset B(a;\varepsilon)$ が成り立つ．よって，$x \in B(a;\varepsilon)^\circ$ を得る．

(2) $d(a,x) > \varepsilon$ を満たす任意の $x \in X$ に対して，$\delta = d(a,x) - \varepsilon > 0$ とおく．このとき，$y \in B(x;\delta)$ ならば，$d(a,y) > d(a,x) - d(y,x) > \varepsilon$ であり，$y \notin B(a;\varepsilon)$，すなわち，$B(x;\delta) \cap B(a;\varepsilon) = \emptyset$ が成り立つ．よって，$x \in B(a;\varepsilon)^e$ を得る．

**問 3.3.** 例 3.6 において，$S(a;\varepsilon)$ と $B^*(a;\varepsilon)$ が閉集合となることを示せ．$S(a;\varepsilon)$ と $B^*(a;\varepsilon)$ を，それぞれ，**球面**と**閉球体**という．

**問 3.4.** 例 3.4 と同様に，集合 $\mathbb{Z} \subset \mathbb{R}$ に対して，1 次元ユークリッド距離関数 $d^1 : \mathbb{R} \times \mathbb{R} \to \mathbb{R}$ の定義域を $\mathbb{Z} \times \mathbb{Z}$ に制限した関数を $d^1_{\mathbb{Z}} : \mathbb{Z} \times \mathbb{Z} \to \mathbb{R}$ として，1 次元ユークリッド空間 $(\mathbb{R}, d^1)$ の部分距離空間 $(\mathbb{Z}, d^1_{\mathbb{Z}})$ を考える．このとき，$\varepsilon$-開球体 $B(0;1)$ に対して以下の集合を求めよ．

(1) $B(0,1)^\circ$　(2) $B(0,1)^e$　(3) $B(0,1)^f$　(4) $\overline{B(0,1)}$

**問 3.5.** 任意の $n \in \mathbb{N}$ に対して，$n$ 次元ユークリッド空間 $(\mathbb{R}, d^n)$ では，例 3.6 の (2)-(4) において等号が成立することを示せ．

**命題 3.1.** 距離空間 $(X, d)$ において，部分集合 $A$ に対して $(A^\circ)^\circ = A^\circ$，$\overline{\overline{A}} = \overline{A}$ が成り立つ．特に，$A^\circ$ と $\overline{A}$ は，それぞれ，開集合と閉集合である．

**証明．** 定義より，任意の $x \in A^\circ$ に対して正数 $\varepsilon$ が存在して，$B(x;\varepsilon) \subset A$ が成り立つ．このとき，任意の $y \in B(x;\varepsilon)$ に対して，$\delta = \varepsilon - d(x,y) > 0$ とおくと，$B(y;\delta) \subset B(x;\varepsilon)$ となるから $y \in A^\circ$ であり，$B(x;\varepsilon) \subset A^\circ$ が成り立つ．よって，$x$ は $A^\circ$ の内点であるから，$A^\circ \subset (A^\circ)^\circ$ となる．また，$(A^\circ)^\circ \subset A^\circ$ であるから，$(A^\circ)^\circ = A^\circ$ を得る．

一方，$x \in X$ を $\overline{A}$ の触点とする．定義より，任意の正数 $\varepsilon$ に対して $B(x;\varepsilon) \cap \overline{A} \neq \emptyset$ が成り立つ．このとき，$y \in B(x;\varepsilon) \cap \overline{A}$ に対して，$\delta = \varepsilon - d(x,y) > 0$ とおくと，$B(x;\varepsilon) \supset B(y;\delta)$ であり，$y \in \overline{A}$ より $B(y;\delta) \cap A \neq \emptyset$ となるから $B(x;\varepsilon) \cap A \neq \emptyset$ であり，$x \in \overline{A}$ が成り立つ．よって，$\overline{\overline{A}} \subset \overline{A}$ となり，また $\overline{A} \subset \overline{\overline{A}}$ であるから，$\overline{\overline{A}} = \overline{A}$ を得る．　　　□

**問 3.6.** 距離空間 $(X, d)$ において部分集合 $A \subset X$ に対して以下のことを示せ．

**(1)** $A$ の内部 $A^\circ$ は $A$ に含まれる最大の開集合である．

**(2)** $A$ の閉包 $\overline{A}$ は $A$ を含む最小の閉集合である．

**定理 3.2.** 距離空間 $(X, d)$ において $A$ を $X$ の部分集合とする．

**(1)** $A$ が開集合のとき，$A^c$ は閉集合である．

**(2)** $A$ が閉集合のとき，$A^c$ は開集合である．

**証明.** (1) $A = A^\circ$ のとき，式 (3.2)-(3.5) より

$$A^c = A^e \cup A^f = (A^c)^\circ \cup (A^c)^f = \overline{A}^c$$

となるから，$A^c$ は閉集合である．

(2) $A = \overline{A}$ のとき，式 (3.2)，(3.4) と (3.5) より $A^c = A^e = (A^c)^\circ$ となるから，$A^c$ は開集合である． □

**例 3.7.** 1 次元ユークリッド空間 $(\mathbb{R}, d^1)$ において，$a < b$ として，開区間 $(a, b)$ の補集合 $(a, b)^c = (-\infty, a] \cup [b, \infty)$ は閉集合，閉区間 $[a, b]$ の補集合 $[a, b]^c = (-\infty, a) \cup (b, \infty)$ は開集合である (例 3.5 も参照).

**定理 3.3.** 距離空間 $(X, d)$ において以下のことが成り立つ.

**(1)** $X$ および $\emptyset$ は開集合である.

**(2)** 任意の自然数 $k$ に対して，$X$ の部分集合 $O_1, \ldots, O_k$ が開集合ならば，それらの共通部分 $O_1 \cap \cdots \cap O_k$ も開集合である.

**(3)** $X$ の部分集合から成る，任意の添字集合 $\Lambda$ の添字付き集合族 $\{O_\lambda\}_{\lambda \in \Lambda}$ について，各 $\lambda \in \Lambda$ に対して $O_\lambda$ が開集合ならば，それらの和集合 $\bigcup_{\lambda \in \Lambda} O_\lambda$ も開集合である.

**証明.** (1) 任意の $x \in X$ と $\varepsilon > 0$ に対して $B(x; \varepsilon) \subset X$ であるから，$x \in X^\circ$ となる．よって，$X^\circ = X$ となり，$X$ は開集合である．また，$\emptyset^\circ = \emptyset$ より $\emptyset$ も開集合である.

(2) $x \in O_1 \cap \cdots \cap O_k$ とする．各 $j = 1, \ldots, k$ に対して，$O_j$ は開集合だから，正数 $\varepsilon_j$ が存在し，$B(x; \varepsilon_j) \subset O_j$ となる．よって，$\varepsilon = \min_j \varepsilon_j > 0$ とおけば，

$$B(x; \varepsilon) \subset O_1 \cap \cdots \cap O_k$$

となり，$O_1 \cap \cdots \cap O_k$ も開集合である.

(3) $x \in \bigcup_{\lambda \in \Lambda} O_\lambda$ とすると，ある $\lambda \in \Lambda$ が存在して $x \in O_\lambda$ となる．$O_\lambda$ は開集合だから，正数 $\varepsilon > 0$ が存在して，

$$B(x; \varepsilon) \subset O_\lambda \subset \bigcup_{\lambda \in \Lambda} O_\lambda$$

となり，$\bigcup_{\lambda \in \Lambda} O_\lambda$ も開集合である． □

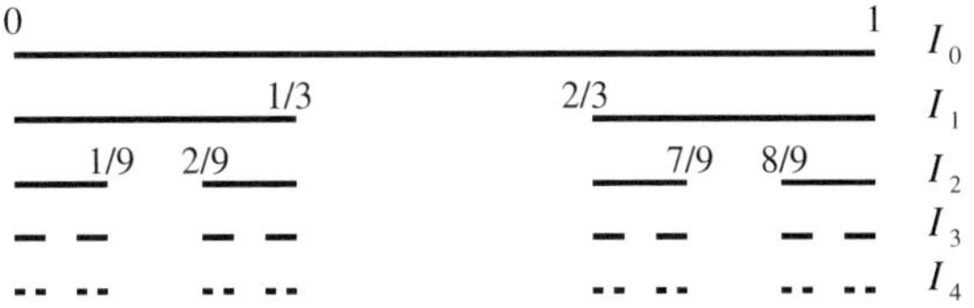

図 **3.2:** カントール集合

例 **3.8.** 1 次元ユークリッド空間 $(\mathbb{R}, d^1)$ において開区間 $O_j = (1 - 1/j, 2 + 1/j)$ $(j \in \mathbb{N})$ から成る集合族 $\{O_j\}_{j \in \mathbb{N}}$ を考える．このとき，任意の $k \in \mathbb{N}$ に対して，

$$\bigcap_{j=1}^{k} O_j = (1 - 1/k, 2 + 1/k)$$

は開区間であるが，その集合族全体の共通部分は $\bigcap_{j=1}^{\infty} O_j = [1, 2]$ となり，閉区間である．

定理 **3.4.** 距離空間 $(X, d)$ において以下のことが成り立つ．

**(1)** $X$ および $\emptyset$ は閉集合である．

**(2)** 任意の自然数 $k$ に対して，$X$ の部分集合 $C_1, \ldots, C_k$ が閉集合ならば，それらの和集合 $C_1 \cup \cdots \cup C_k$ も閉集合である．

**(3)** $X$ の部分集合から成る，任意の添字集合 $\Lambda$ の添字付き集合族 $\{C_\lambda\}_{\lambda \in \Lambda}$ について，各 $\lambda \in \Lambda$ に対して $C_\lambda$ が閉集合ならば，それらの共通部分 $\bigcap_{\lambda \in \Lambda} C_\lambda$ も閉集合である．

**証明．** ド・モルガンの法則 (2.2) および定理 3.2 と 3.3 を用いれば，直ちに導かれる． $\qquad\square$

例 **3.9.** 1 次元ユークリッド空間 $(\mathbb{R}, d^1)$ を考える．閉区間 $I_0 = [0, 1] \subset \mathbb{R}$ とおく．$I_0$ を 3 等分し，真ん中の長さ $\frac{1}{3}$ の開区間 $\left(\frac{1}{3}, \frac{2}{3}\right)$ を取り除いてできる 2 個の閉区間から成る閉集合を

$$I_1 = \left[0, \tfrac{1}{3}\right] \cup \left[\tfrac{2}{3}, 1\right]$$

とする．次に，$I_1$ の 2 個の閉区間から，真ん中の長さ $1/3^2$ の開区間 $\left(\frac{1}{9}, \frac{2}{9}\right)$ と

$(\frac{7}{9}, \frac{8}{9})$ を取り除いてできる $2^2$ 個の閉区間から成る閉集合を

$$I_2 = \left[0, \tfrac{1}{9}\right] \cup \left[\tfrac{2}{9}, \tfrac{1}{3}\right] \cup \left[\tfrac{2}{3}, \tfrac{7}{9}\right] \cup \left[\tfrac{8}{9}, 1\right]$$

とする. 以下同様に, 自然数 $n > 2$ に対して, $2^{n-1}$ 個の閉区間から, 真ん中の長さ $1/3^n$ の開区間を取り除いてできる $2^n$ 個の閉区間から成る閉集合を

$$I_n = \left[0, \frac{1}{3^n}\right] \cup \left[\frac{2}{3^n}, \frac{1}{3^{n-1}}\right] \cup \cdots \cup \left[\frac{3^{n-1}-1}{3^{n-1}}, \frac{3^n-2}{3^n}\right] \cup \left[\frac{3^n-1}{3^n}, 1\right]$$

とする (図 3.2 を参照). $I_c = \bigcap_{n=0}^{\infty} I_n$ とおくと, 明らかに $0, 1 \in I_c$ であり, 定理 3.4 とから $I_c$ は空でない閉集合である. $I_c$ を**カントール集合**という.

　$(X, d)$ を距離空間, $A$ を空でない $X$ の部分集合とする. 点 $x \in X$ が集合 $A - \{x\}$ の触点である, すなわち, 任意の正数 $\varepsilon$ に対して

$$B(x; \varepsilon) \cap (A - \{x\}) \neq \emptyset$$

となるとき, $x$ は $A$ の**集積点**という. $x \notin A$ のときは, $x$ が $A$ の触点であることと, 集積点であることは同値である. $A$ の集積点全体の集合を**導集合**といい, $A^d$ で表す. また, $A - A^d$ の点を**孤立点**という. 定義より明らかに

$$\overline{A} = A \cup A^d$$

が成り立つ.

**例 3.10.**　(1) 1 次元ユークリッド空間 $(\mathbb{R}, d^1)$ において, 部分集合 $\mathbb{Z}$ に対して $\mathbb{Z}^\circ = \mathbb{Z}^d = \emptyset$, $\mathbb{Z}^e = \mathbb{R} - \mathbb{Z}$, $\mathbb{Z}^f = \overline{\mathbb{Z}} = \mathbb{Z}$ となる. 特に, $\mathbb{Z}$ は閉集合である. 一方, 問 3.4 の部分空間 $(\mathbb{Z}, d^1_\mathbb{Z})$ においては, 空でない $A \subset \mathbb{Z}$ に対して, $A^\circ = \overline{A} = A$, $A^c = \mathbb{Z} - A$, $A^f = A^d = \emptyset$ となる.

(2) $n \in \mathbb{N}$ として, $n + 1$ 次元ユークリッド空間 $(\mathbb{R}^{n+1}, d^{n+1})$ において. $n$ 次元単位球面 $\mathbb{S}^n = \{(x_1, \ldots, x_n) \in \mathbb{R} \mid x_1^2 + \cdots + x_n^2 = 1\}$ を考える. 例 3.5 の表記を用いれば, $\mathbb{S}^n = S(0; 1)$ である. $(\mathbb{S}^n)^\circ = \emptyset$, $(\mathbb{S}^n)^e = \mathbb{R}^{n+1} - \mathbb{S}^n$, $(\mathbb{S}^n)^f = (\mathbb{S}^n)^d = \overline{\mathbb{S}^n} = \mathbb{S}^n$ となる. 特に, $\mathbb{S}^n$ は閉集合である.

(3) 1 次元ユークリッド空間 $(\mathbb{R}, d^1)$ において. 例 3.9 のカントール集合 $I_c$ を考える. $I_c^\circ = \emptyset$, $I_c^e = \mathbb{R} - I_c$, $I_c^f = I_c^d = \overline{I_c} = I_c$ が成り立つ. 特に, $I_c - I_c^d = \emptyset$ であり, $I_c$ は孤立点をもたない.

**問 3.7.** 2 次元ユークリッド空間 $(\mathbb{R}^2, d^2)$ において，部分集合

$$A = \{(x_1, x_2) \in \mathbb{R}^2 \mid x_1^2 + x_2^2 < 1, x_1 \geqq 0\}$$

に対する次の集合を求めよ.

(1) $A^\circ$ (2) $A^e$ (3) $A^f$ (4) $\overline{A}$ (5) $A^d$

**問 3.8.** 1 次元ユークリッド空間 $(\mathbb{R}, d^1)$ において，部分集合

$$A = \bigcup_{n=1}^{\infty} \left[ \frac{1}{2n+1}, \frac{1}{2n} \right)$$

に対する次の集合を求めよ.

(1) $A^\circ$ (2) $A^e$ (3) $A^f$ (4) $\overline{A}$ (5) $A^d$

**問 3.9.** 1 次元ユークリッド空間 $(\mathbb{R}, d^1)$ において，部分集合

$$A = \{1/m \mid m \in \mathbb{N}\}$$

を考える．次の集合を求めよ.

(1) $A^\circ$ (2) $A^e$ (3) $A^f$ (4) $\overline{A}$ (5) $A^d$ (6) $(A^d)^d$

## 3.3 連続写像

$(X_1, d_1)$ と $(X_2, d_2)$ を距離空間とする．写像 $f : X_1 \to X_2$ が点 $x \in X_1$ で**連続**であるとは，任意の正数 $\varepsilon$ に対して，ある正数 $\delta$ が存在し，$d_1(x, y) < \delta$ を満たす任意の $y \in X_1$ に対して

$$d_2(f(x), f(y)) < \varepsilon$$

が成り立つようにできることをいう．言い換えると，任意の正数 $\varepsilon$ に対してある正数 $\delta$ が存在し，点 $f(x)$ の $\varepsilon$-開球体 $B_2(f(x); \varepsilon) \subset X_2$ の逆像 $f^{-1}(B_2(f(x); \varepsilon))$ が $x$ の $\delta$-開球体 $B_1(x; \delta) \subset X_1$ を含む，すなわち，

$$B_1(x; \delta) \subset f^{-1}(B_2(f(x); \varepsilon))$$

となることである．また，各点 $x \in X_1$ で連続であるとき，写像 $f$ は単に**連続**であるといい，距離空間 $(X_1, d_1)$ から距離空間 $(X_2, d_2)$ への**連続写像**という.

**例 3.11.** 1 次元ユークリッド空間 $(\mathbb{R}, d^1)$ において写像 $f : \mathbb{R} \to \mathbb{R}$ を考える．$d^1(x, y) = |x - y|$ であるから，$f$ が点 $x \in \mathbb{R}$ 連続であるとは，任意の正数 $\varepsilon$ に

対して，ある正数 $\delta$ が存在し，$|x - y| < \delta$ を満たす任意の $y \in \mathbb{R}$ に対して

$$|f(x) - f(y)| < \varepsilon$$

が成り立つようにできるということである．これは微積分学で学んだ，$\mathbb{R}$ 上の関数 $f(x)$ の連続性の定義に一致する．

**例 3.12.** 例 3.3 のように，$C[0,1]$ を閉区間 $[0,1]$ 上の実数値連続関数全体の集合とする．距離 $d$ が式 (3.1) で与えられる距離空間 $(C[0,1], d)$ から 1 次元ユークリッド空間 $\mathbb{R}$ への写像 $\varphi : C[0,1] \to \mathbb{R}$ を，$f \in C[0,1]$ に対して

$$\varphi(f) = \int_0^1 |f(x)| \mathrm{d}x$$

と定めると，$\varphi$ は連続写像となる．実際，

$$d^1(\varphi(f), \varphi(g)) = \left| \int_0^1 |f(x)| \mathrm{d}x - \int_0^1 |g(x)| \mathrm{d}x \right|$$
$$\leq \int_0^1 |f(x) - g(x)| \mathrm{d}x = d(f, g)$$

であるから，任意の正数 $\varepsilon$ に対して，$\delta = \varepsilon$ として，$d(f, g) < \delta$ ならば $d^1(\varphi(f), \varphi(g)) < \varepsilon$ とできる．

**問 3.10.** 距離空間 $(X, d)$ と 1 次元ユークリッド空間 $(\mathbb{R}, d^1)$ に対して，$a \in X$ として，次式により写像 $f : X \to \mathbb{R}$ を定める．

$$f(x) = d(x, a), \quad x \in X$$

$\varepsilon > 0$，$x, y \in X$ として次の問に答えよ (例 3.12 はこの特別な場合である)．

(1) $d(x, y) < \delta$ ならば $d^1(f(x), f(y)) = |f(y) - f(x)| < \varepsilon$ となるように，$\varepsilon$ を用いて正数 $\delta$ を定めよ．

(2) 写像 $f$ は連続か．

**問 3.11.** 距離空間 $(X, d)$ と 1 次元ユークリッド空間 $(\mathbb{R}, d^1)$ に対して，$C \subset X$ を空でない閉集合として，$X$ から $\mathbb{R}$ への写像

$$f(x) = \inf\{d(x, a) \mid a \in C\}$$

を定める．写像 $f : X \to \mathbb{R}$ が連続であることを示せ．

**問 3.12.** 例 3.2(1) の距離空間 $(\{0,1\}^{\mathbb{N}}, d)$ において，次式で定義される写像 $f : \{0,1\}^{\mathbb{N}} \to \{0,1\}^{\mathbb{N}}$ に対して以下の問いに答えよ.

$$f(\{a_n\}_{n=1}^{\infty}) = \{a_{n+1}\}_{n=1}^{\infty} \quad (\{a_n\}_{n=1}^{\infty} \in X)$$

(1) 任意の $a, b \in A$ に対して，$d(a, b) < \delta$ ならば，つねに $d(f(a), f(b)) < k\delta$ となる最小の $k > 0$ を求めよ.

(2) 写像 $f$ は連続か.

**定理 3.5.** $(X_1, d_1)$ と $(X_2, d_2)$ を距離空間とする．写像 $f : X_1 \to X_2$ について次の 4 つの条件は同値である.

**(1)** $f$ は連続である.

**(2)** 開集合 $O_2 \subset X_2$ に対して $f^{-1}(O_2) \subset X_1$ は開集合となる.

**(3)** 閉集合 $C_2 \subset X_2$ に対して $f^{-1}(C_2) \subset X_1$ は閉集合となる.

**(4)** $X_1$ の任意の部分集合 $A$ について $f(\overline{A}) \subset \overline{f(A)}$ が成り立つ.

**証明.** $(1) \Rightarrow (4) \Rightarrow (3) \Rightarrow (2) \Rightarrow (1)$ の順に，左から右が成り立つことを示す.

まず，(1) から (4) を導く．$A$ を $X_1$ の部分集合，$x \in X_1$ かつ $f(x) \notin \overline{f(A)}$ と仮定する．$U = X_2 - \overline{f(A)}$ とおくと，定理 3.2(2) より $U$ は開集合であり，かつ $f(x) \in U$，よって $x \in f^{-1}(U)$ となる．$f^{-1}(X_2) = X_1$ であり，定理 2.2 の (5) と (8) により，

$$f^{-1}(U) = X_1 - f^{-1}(\overline{f(A)}) \subset X_1 - f^{-1}(f(A)) \subset X_1 - A$$

が成り立ち，$f^{-1}(U)$ は $A$ と交わらない．さらに，$f$ の連続性により，ある正数 $\delta$ が存在して $f^{-1}(U)$ は $\delta$-開球体 $B_1(x; \delta) \subset X_1$ を含むから，$x \notin \overline{A}$ となる．対偶を取れば，$x \in \overline{A}$ のとき $f(x) \in \overline{f(A)}$ となり，$f(\overline{A}) \subset \overline{f(A)}$ を得る.

次に，(4) から (3) を導く．$C_2 \subset X_2$ を閉集合とし，$A = f^{-1}(C_2)$ とおく．定理 2.2(6) を用いると，(4) より

$$f(\overline{A}) \subset \overline{f(A)} = \overline{f(f^{-1}(C_2))} \subset \overline{C_2} = C_2$$

が成り立つ．よって

$$\overline{A} \subset f^{-1}(C_2) = A$$

となり，$A = f^{-1}(C_2) \subset X_2$ は閉集合である.

次に，(3) から (2) を導く．$O_2 \subset X_2$ を開集合とし，$C_2 = X_2 - O_2$ とおく．定理 3.2(1) より $C_2$ は閉集合であり，(3) より $f^{-1}(C_2)$ も閉集合となる．よって，定理 2.2(8) と 3.2(2) より

$$f^{-1}(O_2) = X_1 - f^{-1}(C_2)$$

は開集合となる．

最後に，(2) から (1) を導く．$x \in X_1$ とする．(2) より，任意の正数 $\varepsilon$ に対して $\varepsilon$-開球体 $B_2(f(x); \varepsilon) \subset X_2$ の原像 $f^{-1}(B_2(f(x); \varepsilon))$ は点 $x$ を含む開集合となる．よって，$B_1(x; \delta) \subset f^{-1}(B_2(f(x); \varepsilon))$ を満たす正数 $\delta$ が存在し，$f$ は点 $x$ において連続である．                        □

**問 3.13.** 問 3.4 の距離空間 $(\mathbb{Z}, d_{\mathbb{Z}}^1)$ から任意の距離空間 $(X, d)$ への任意の写像 $f$ は連続であることを示せ．

## 3.4  完備性

$(X, d)$ を距離空間とする．$X$ の点列 $\{x_n\}_{n \in \mathbb{N}}$ は，点 $x \in X$ が存在し，

$$\lim_{n \to \infty} d(x_n, x) = 0$$

が成り立つとき，すなわち，任意の正数 $\varepsilon$ に対して，ある自然数 $N$ が存在し，$n \geqq N$ ならば $d(x, x_n) < \varepsilon$ とできるとき，$x$ に**収束**するといい，

$$\lim_{n \to \infty} x_n = x$$

と表記する．$x$ を**極限**または**極限点**という．添字集合が何であるか明らかなとき，点列を単に $\{x_n\}$ と表記することもある．以下，本節と次節では添字集合を $\mathbb{N}$ に固定し，そのように表記する．なお，$\{x_n\}_{n \in \mathbb{N}}$ は $\{x_n\}_{n=1}^{\infty}$ と書くこともある (例 2.7 の表記はその一例である)．

**命題 3.6.** 距離空間 $(X, d)$ において，点列 $\{x_n\}$ が収束すれば，その極限 $x$ は一意的である．

**証明.** $y \in X$ も極限であるとする．三角不等式 $(D_3)$ により

$$d(x, y) \leqq d(x, x_n) + d(x_n, y)$$

となり，$n \to \infty$ とすれば $d(x, y) = 0$ を得る．                        □

**例 3.13.** 1 次元ユークリッド空間 $(\mathbb{R}, d^1)$ において，点列 $\{x_n\}$ が点 $x \in \mathbb{R}$ に収束するとは，

$$\lim_{n \to \infty} |x_n - x| = 0, \quad \text{すなわち} \quad \lim_{n \to \infty} x_n = x$$

が成り立つということである．これは微積分学で学んだ，$\mathbb{R}$ 上の数列 $\{x_n\}$ の $x$ への収束の定義に一致する．

**問 3.14.** $X$ を距離空間，$A \subset X$ とする．$x \in X$ が $A$ の触点であるとき，$A$ の点列 $\{a_n\}$ が存在して $\lim_{n \to \infty} a_n = x$ となることを示せ．逆に，$A$ の点列 $\{a_n\}$ が存在して $\lim_{n \to \infty} a_n = x \in X$ となるとき，$x$ が $A$ の触点であることを示せ．

**問 3.15.** $X_1, X_2$ を距離空間とする．写像 $f : X_1 \to X_2$ が点 $x \in X_1$ で連続であるとき，$x$ に収束する任意の点列 $\{x_n\}$ に対して $\lim_{n \to \infty} f(x_n) = f(x)$ となることを示せ．

　点列 $\{x_n\}$ が**コーシー列**あるいは**基本列**であるとは，任意の正数 $\varepsilon$ に対して，ある自然数 $N$ が存在し，$m, n \geqq N$ を満たす自然数 $m, n$ に対して $d(x_m, x_n) < \varepsilon$ が成り立つようにできることをいう．収束する点列 $\{x_n\}$ はコーシー列となる．実際，極限を $x$ とすると，任意の正数 $\varepsilon$ に対して，ある自然数 $N$ が存在し，$n \geqq N$ ならば $d(x, x_n) < \varepsilon/2$ となり，$m, n \geqq N$ ならば，三角不等式 (D$_3$) より次を得る．

$$d(x_m, x_n) \leqq d(x_m, x) + d(x, x_n) < \varepsilon$$

**例 3.14.** 開区間 $I = (0, 1) \subset \mathbb{R}$ に対する，例 3.4(1) の 1 次元ユークリッド空間 $(\mathbb{R}, d^1)$ の部分距離空間 $(I, d_I^1)$ を考える．$x_n = 2^{-n}$ によって点列 $\{x_n\}$ を定めると，

$$|x_m - x_n| < 2^{-\max(m,n)}$$

であるが $0 \notin I$ であるから，$\{x_n\}$ は $(I, d_I^1)$ のコーシー列であるが収束しない．

**例 3.15.** 例 3.4(2) の 1 次元ユークリッド空間 $(\mathbb{R}, d^1)$ の部分距離空間 $(\mathbb{Q}, d_{\mathbb{Q}}^1)$ を考える．$x_n$ を $\sqrt{2}$ の小数第 $n$ 位までの有限小数部分，すなわち，

$$x_1 = 1.4, \quad x_2 = 1.41, \quad x_3 = 1.414, \quad \cdots,$$

として，点列 $\{x_n\}$ を定める．このとき，

$$|x_m - x_n| < 10^{-\max(m,n)}$$

であるが $\sqrt{2} \notin \mathbb{Q}$ より，$\{x_n\}$ はコーシー列であるが収束しない.

例 3.14 と 3.15 で見るように，コーシー列はいつも収束するとは限らない. 任意のコーシー列が収束するとき，距離空間 $(X, d)$ は**完備**であるという.

**例 3.16.** 例 3.1(3) の離散距離空間は完備である．実際，$\{x_n\}$ がコーシー列であれば，正数 $\varepsilon < 1$ に対して，ある $N \in \mathbb{N}$ が存在し，$m, n > N$ のとき $d(x_m, x_n) < \varepsilon$ であるから，$x_m = x_n$ となり，$\{x_n\}$ は収束する.

**問 3.16.** 例 3.2(1) の距離空間 $(\{0, 1\}^{\mathbb{N}}, d)$ が完備であることを示せ.

次の定理は，定理 2.6 と同様に，実数の重要な性質を与える.

**定理 3.7.** 1 次元ユークリッド空間 $(\mathbb{R}, d^1)$ は完備である.

$\mathbb{R}$ における点列 (数列) $x_n$ が

$$x_n \geqq x_{n+1} \quad (n \in \mathbb{N})$$

を満たすとき**単調増加列**といい，

$$x_n \leqq x_{n+1} \quad (n \in \mathbb{N})$$

を満たすとき**単調減少列**という．また，両者を総称して**単調列**という．定理 3.7 の証明では次の補題を用いる.

**補題 3.8.** $\mathbb{R}$ の有界な単調列 $\{x_n\}$ は収束する.

**証明.** $\{x_n\}$ が有界な単調増加列の場合について証明を与える．有界な単調減少列の場合も同様である．このとき，集合 $A = \{x_n \mid n \in \mathbb{N}\}$ は上に有界だから，定理 2.10 により上限 $x = \sup A$ が存在する．上限の定義より，任意の正数 $\varepsilon$ に対して，ある $N \in \mathbb{N}$ が存在し，$x - \varepsilon < x_N$ が成り立つ．よって，$\{x_n\}$ が単調増加列であることから，$n \geqq N$ ならば，

$$x - \varepsilon < x_n < x, \quad \text{すなわち，} \quad |x - x_n| < \varepsilon$$

となる．これは $\lim_{n \to \infty} x_n = x$ を意味する． $\square$

**定理 3.7 の証明.** $\{x_n\}$ を $(\mathbb{R}, d^1)$ におけるコーシー列とする．まず，$\{x_n\}$ は有界であり，ある正数 $M$ が存在して，すべての $n \in \mathbb{N}$ に対して $|x_n| < M$ とできることに注意する．実際，コーシー列であることから，適当な $N \in \mathbb{N}$ を取れば，$n > N$ のとき $|x_n - x_{N+1}| < 1$，よって，$|x_n| < |x_{N+1}| + 1$ とでき，

任意の $n \in \mathbb{N}$ に対して

$$|x_n| \leqq \max(|x_1|, \ldots, |x_N|, |x_{N+1}| + 1)$$

が成り立つ.

さて，任意の $n \in \mathbb{N}$ に対して

$$a_n = \inf\{x_n, x_{n+1}, \ldots\}, \quad b_n = \sup\{x_n, x_{n+1}, \ldots\}$$

とおく. このとき

$$a_1 \leqq a_2 \leqq \cdots \leqq b_2 \leqq b_1$$

が成り立つ. よって，点列 $\{a_n\}$ と $\{b_n\}$ は有界かつ単調であるから，補題 3.8 により，極限

$$a = \lim_{n \to \infty} a_n, \quad b = \lim_{n \to \infty} b_n$$

が存在する. 再び，$\{x_n\}$ がコーシー列であることから，任意の正数 $\varepsilon$ に対して $N \in \mathbb{N}$ が存在し，$n, m > N$ ならば $|x_m - x_n| < \varepsilon$ となり，よって，

$$|b_{N+1} - a_{N+1}| = \sup_{m > N} x_m - \inf_{n > N} x_n \leqq \varepsilon$$

である. したがって，$a = b$ が成り立ち，$\displaystyle\lim_{n \to \infty} x_n = a$ を得る. □

**例 3.17.** 例 3.2(3) の距離空間 $(C[0,1], d)$ を考える. $f_n(x) = e^{-nx}$ とすると，$m < n$ のとき，

$$d(f_m, f_n) = \int_0^1 (e^{-mx} - e^{-nx})\mathrm{d}x = \frac{1 - e^{-m}}{m} - \frac{1 - e^{-n}}{n} < \frac{n - m}{mn}$$

となるから，$\{f_n\}$ はコーシー列である. 一方，

$$\lim_{n \to \infty} f_n(x) = \begin{cases} 1 & (x = 0 \text{ のとき}) \\ 0 & (x \in (0, 1] \text{ のとき}) \end{cases}$$

となり，極限は連続関数ではないので，$\{f_n\}$ は収束しない. よって，$(C[0,1], d)$ は完備でない.

**問 3.17.** 問 3.2(2) の距離空間 $(C[0,1], d)$ は完備か.

部分距離空間の完備性に関する定理を 2 つ与える.

**定理 3.9.** 完備距離空間 $(X, d)$ において，$C \subset X$ を閉集合とする. このとき，部分距離空間 $(C, d_C)$ は完備である.

**証明.** $\{x_n\}$ を閉集合 $C$ における (すなわち, $x_n \in C$ ($n \in \mathbb{N}$) を満たす) コーシー列とする. $(X, d)$ は完備であるから, $\{x_n\}$ は収束し, その極限を $x = \lim_{n \to \infty} x_n$ とする. 任意の正数 $\varepsilon$ に対して $N \in \mathbb{N}$ が存在し, $n > N$ ならば

$$x_n \in B(x; \varepsilon) \cap C$$

となるから, $x$ は $C$ の触点である. $C$ は閉集合であるから, $x \in C$ となり, $(C, d_C)$ は完備である. $\qquad \square$

**問 3.18.** $\mathbb{Q}$ は閉集合か (例 3.10(1) の $\mathbb{Z}$ の場合と比較せよ).

**定理 3.10.** $(X, d)$ を距離空間, $A$ を $X$ の部分集合とする. 部分距離空間 $(A, d_A)$ が完備ならば, $A$ は閉集合である.

**証明.** $(A, d_A)$ が完備と仮定し, $x \in X$ を $A$ の触点とする. このとき, 点列 $\{x_n\}$ を, 各 $n \in \mathbb{N}$ に対して

$$x_n \in B(x; 1/n) \cap A$$

を満たすように選べる. よって, $\lim_{n \to \infty} x_n = x$ が成り立ち, $\{x_n\}$ は収束列だから, $A$ におけるコーシー列となる. したがって, $x \in A$ となり, $A$ は閉集合である. $\qquad \square$

**例 3.18.** 問 3.4(1) の, 1次元ユークリッド空間 $(\mathbb{R}, d^1)$ の部分距離空間 $(\mathbb{Z}, d_{\mathbb{Z}}^1)$ を考える. 例 3.9 で述べたように, $(\mathbb{R}, d^1)$ において $\mathbb{Z}$ は閉集合だから, 定理 3.9 より $(\mathbb{Z}, d_{\mathbb{Z}}^1)$ は完備である.

**問 3.19.** 開区間 $I = (0, 1)$ に対する, 例 3.4(1) の距離空間 $(I, d_I^1)$ は完備か.

$n \geqq 2$ を自然数とし, $(X_j, d_j)$ ($j = 1, \ldots, n$) を距離空間とする. 直積 $X = X_1 \times \cdots \times X_n$ において. 点 $x = (x_1, \ldots, x_n), y = (y_1, \ldots, y_n) \in X$ に対して関数 $d : X \times X \to \mathbb{R}$ を

$$d(x, y) = \left( \sum_{j=1}^{n} d_j(x_j, y_j)^2 \right)^{1/2}$$

と定める. 関数 $d$ は明らかに条件 $(D_1)$-$(D_3)$ を満足し, $(X, d)$ は距離空間となり, $(X_j, d_j)$ ($j = 1, \ldots, n$) の**直積距離空間**と呼ばれる.

**定理 3.11.** 直積距離空間 $(X, d)$ が完備であるためには，各距離空間 $(X_j, d_j)$ $(j = 1, \ldots, n)$ が完備であることが必要十分である．

**証明.** 2つの完備距離空間 $(X_1, d_1)$ と $(X_2, d_2)$ の場合について証明すれば十分である（一般の $n(> 2)$ 個の場合は，$n = 2$ の場合の結果を $n - 1$ 回繰り返し適用すれば良い）．

まず，必要性を示す．$X = X_1 \times X_2$ が完備であるものと仮定し，点列 $\{a_n\}$ と $\{b_n\}$ を，それぞれ，$X_1$ と $X_2$ のコーシー列とし，各 $n \in \mathbb{N}$ に対して $x_n = (a_n, b_n)$ とおく．正数 $\varepsilon$ と $n, m \in \mathbb{N}$ に対して，

$$d_1(a_m, a_n), d_2(b_m, b_n) < \frac{1}{\sqrt{2}}\varepsilon$$

ならば，

$$d(x_m, x_n) = \sqrt{d_1(a_m, a_n)^2 + d_2(b_m, b_n)^2} < \varepsilon \tag{3.6}$$

となるから，$\{x_n\}$ は $X$ のコーシー列であり収束する．よって，

$$\lim_{n \to \infty} x_n = (a, b) \in X_1 \times X_2 \tag{3.7}$$

とすれば，

$$\lim_{n \to \infty} a_n = a, \quad \lim_{n \to \infty} b_n = b \tag{3.8}$$

が成り立つ．

次に，十分性を示す．$X_1$ と $X_2$ が完備であるものと仮定し，点列 $\{x_n\}$ を $X = X_1 \times X_2$ におけるコーシー列とし，$a_n \in X_1$，$b_n \in X_2$ として $x_n = (a_n, b_n)$ と表す．正数 $\varepsilon$ と $n, m \in \mathbb{N}$ に対して式 (3.6) が成り立つならば，

$$d_1(a_m, a_n), d_2(b_m, b_n) < \varepsilon$$

となるから，$\{a_n\}$ と $\{b_n\}$ は，それぞれ，$X_1$ と $X_2$ のコーシー列である．よって，$\{a_n\}$ と $\{b_n\}$ は収束し，式 (3.8) のようにおけば式 (3.7) を得る．　　　□

定理 3.7 と 3.11 から直ちに次の定理を得る．

**定理 3.12.** 任意の $n \in \mathbb{N}$ に対して $n$ 次元ユークリッド空間 $(\mathbb{R}^n, d^n)$ は完備である．

**問 3.20.** 次の距離空間は完備か．

(1) 例 3.2(2) の距離空間 $(\ell^2(\mathbb{R}), d)$　　(2) 問 3.2(1) の距離空間 $(\ell^\infty(\mathbb{R}), d)$

## 3.5 完備化

例 3.14 の距離空間 $(\mathbb{Q}, d_{\mathbb{Q}}^1)$ と 1 次元ユークリッド空間 $(\mathbb{R}, d^1)$ のように，一般に，完備でない距離空間を完備距離空間の部分距離空間とみなすことができる．実際，次の定理が成り立つ．

**定理 3.13.** 任意の距離空間 $(X, d)$ に対して，次の条件を満たす完備距離空間 $(X^*, d^*)$ と写像 $\varphi : X \to X^*$ が存在する．

**(1)** 任意の $x, y \in X$ に対して $d(x, y) = d^*(\varphi(x), \varphi(y))$ となる．

**(2)** $\overline{\varphi(X)} = X^*$ が成り立つ．

**証明.** $\tilde{X}$ を $(X, d)$ のコーシー列全体の集合とし，$\tilde{X}$ の元 $\{x_n\}$ と $\{y_n\}$ に対して，$\lim_{n \to \infty} d(x_n, y_n) = 0$ となるとき $\{x_n\} \sim \{y_n\}$ として同値関係 $\sim$ を導入する (反射律，対称律と推移律が成り立つことは明らか). $X^* = \tilde{X}/\sim$ とし，$x^*, y^* \in X^*$ に対して，$\{x_n\}$ と $\{y_n\}$ を，それぞれ，$x^*$ と $y^*$ の代表として，

$$d^*(x^*, y^*) = \lim_{n \to \infty} d(x_n, y_n) \tag{3.9}$$

により，実数値関数 $d^* : X^* \times X^* \to \mathbb{R}$ を定める．

**補題 3.14.** 式 (3.9) の極限値は存在し，$x^*$ と $y^*$ の代表の取り方に無関係である．また，関数 $d^*$ は $X^*$ 上の距離関数となる．

**証明.** まず，$\{x_n\}$ と $\{y_n\}$ がコーシー列ならば，三角不等式により

$$|d(x_n, y_n) - d(x_m, y_m)|$$
$$\leq |d(x_n, y_n) - d(x_n, y_m)| + |d(x_n, y_m) - d(x_m, y_m)|$$
$$\leq d(y_n, y_m) + d(x_n, x_m) \tag{3.10}$$

であるから，$\{d(x_n, y_n)\}$ は $\mathbb{R}$ におけるコーシー列となり，定理 3.7 により $\mathbb{R}$ において収束する．一方，$\{x_n\}, \{x_n'\} \in x^*$ かつ $\{y_n\}, \{y_n'\} \in y^*$ ならば，定義より $\lim_{n \to \infty} d(x_n, x_n') = \lim_{n \to \infty} d(y_n, y_n') = 0$ であり，また，式 (3.10) と同様に

$$|d(x_n, y_n) - d(x_n', y_n')| \leq d(x_n, x_n') + d(y_n, y_n')$$

が成り立つ．よって，$\lim_{n \to \infty} d(x_n, y_n) = \lim_{n \to \infty} d(x_n', y_n')$ が成り立ち，前半の結論を得る．

次に，後半を示す．明らかに，関数 $d^*$ は条件 $(D_1)$ と $(D_2)$ を満たす．また，$x^*, y^*, z^* \in X^*$ に対して，$\{x_n\} \in x^*$, $\{y_n\} \in y^*$ および $\{z_n\} \in z^*$ とすると，

$$d(x_n, z_n) \leqq d(x_n, y_n) + d(y_n, z_n)$$

となり，$n \to \infty$ とすれば

$$d^*(x^*, z^*) \leqq d^*(x^*, y^*) + d^*(y^*, z^*)$$

を得る．よって，条件 $(D_3)$ も成り立ち，$d^*$ は $X^*$ 上の距離関数となる．　□

任意の $x \in X$ を取る．各 $n \in \mathbb{N}$ に対して $x_n = x$ とすると，点列 $\{x_n\}$ は $x$ に収束するコーシー列となる．$\{x_n\} \in x^*$ として，写像 $\varphi : X \to X^*$ を $\varphi(x) = x^*$ により定める．明らかに条件 (1) が成り立つ．また，任意の $x^* \in X^*$ に対して，$\{x_n\} \in x^*$, $x_n \in X$ $(n \in \mathbb{N})$ とすると，

$$d^*(x^*, \varphi(x_n)) = \lim_{k \to \infty} d(x_k, x_n)$$

であるから

$$\lim_{n \to \infty} d^*(x^*, \varphi(x_n)) = \lim_{n \to \infty} \lim_{k \to \infty} d(x_k, x_n) = 0$$

となり，条件 (2) が成り立つ．距離空間 $(X^*, d^*)$ が完備であることを以下で示して，定理の証明を終える

$\{x_n^*\}$ を $X^*$ におけるコーシー列とする．各 $n \in \mathbb{N}$ に対して $x_n^* \in \varphi(X)$ となる場合は，明らかに $\{x_n^*\}$ はある $x^* \in X^*$ に収束する．また，そうでない場合は，各 $n \in \mathbb{N}$ に対して $x_n^* \in \varphi(X)$ ならば $y_n^* = x_n^*$, $x_n^* \notin \varphi(X)$ ならば (2) により $d^*(y_n^*, x_n^*) < 1/n$ を満たす $y_n^* \in \varphi(X)$ を選ぶと，$\{y_n^*\}$ はある $y^* \in X^*$ に収束し，三角不等式

$$d^*(x_n^*, y^*) \leqq d^*(x_n^*, y_n^*) + d^*(y_n^*, y^*)$$

により，$\{x_n^*\}$ も $y^* \in X^*$ に収束する．よって，$(X^*, d^*)$ は完備である．　□

定理 3.13 において，完備距離空間 $(X^*, d^*)$ を $(X, d)$ の**完備化**という．特に，$\overline{\varphi(X)} = X^*$ であり，このとき，$\varphi(X)$ は $X^*$ の**稠密**な部分集合であるという．距離空間の完備化は次の定理の意味で一意的である．

**定理 3.15.** 任意の距離空間 $(X, d)$ に対して，$(X_1, d_1)$ と $(X_2, d_2)$ が $(X, d)$ の完備化であるものとし，定理 3.13 の条件 (1) と (2) を満たす写像を，それぞ

れ, $\varphi_1 : X \to X_1$ と $\varphi_2 : X \to X_2$ とする. このとき, 次の条件を満たす全単射写像 $f : X_1 \to X_2$ が存在する.

**(1)** $f \circ \varphi_1 = \varphi_2$

**(2)** 任意の $x, x' \in X_1$ に対して $d_1(x, x') = d_2(f(x), f(x'))$ が成り立つ.

**証明.** $X_1$ は $X$ の完備化であるから, 任意の $x_1 \in X_1$ に対して, $\lim_{n \to \infty} y_n = x_1$ となる $X$ におけるコーシー列 $\{y_n\}$ が存在する. また, $\{y_n\}$ は $X_2$ においても収束し, その極限を $x_2$ とする. $f(x_1) = x_2$ により写像 $f : X_1 \to X_2$ を定義する. ここで, 写像 $f$ は点列 $\{y_n\}$ の選び方に依存しない. 実際, $\{y'_n\}$ を $X_1$ において $x_1$ に, $X_2$ において $x'_2$ に収束する, $X$ における別のコーシー列とすると, 定理 3.13 と三角不等式により

$$d_2(x_2, x'_2) \leqq d_2(x_2, y_n) + d(y_n, y'_n) + d_2(y'_n, x'_2)$$

となり, $n \to \infty$ とすれば $d_2(x_2, x'_2) = 0$ を得る. $f$ が全単射であることは, 上の手順を逆にたどれば $x_2 \in X_2$ を $x_1 \in X_1$ に対応付けられることにより, また, (1) が成り立つことも $f$ の定義より直ちに導かれる.

任意の $x, x' \in X_1$ に対して, $\{y_n\}$ と $\{y'_n\}$ を, それぞれ, $X_1$ において $x$ と $x'$ に収束する点列とする. このとき,

$$d_1(x, x') = \lim_{n \to \infty} d_1(y_n, y'_n) = \lim_{n \to \infty} d(y_n, y'_n)$$

また,

$$d_2(f(x), f(x')) = \lim_{n \to \infty} d_2(y_n, y'_n) = \lim_{n \to \infty} d(y_n, y'_n)$$

となるから, (2) を得る. $\qquad\qquad\qquad\qquad\qquad\qquad\qquad\qquad\square$

**例 3.19.** $I = (0, 1) \subset \mathbb{R}$ とする. 例 3.5 で述べたように, $I$ の閉包は $\overline{I} = [0, 1]$ である. 1 次元ユークリッド距離関数 $d^1 : \mathbb{R} \times \mathbb{R} \to \mathbb{R}$ の定義域を $\overline{I} \times \overline{I}$ に制限した関数を $d^1_{\overline{I}}$ とすると, 距離空間 $(\overline{I}, d^1_{\overline{I}})$ は定理 3.9 より完備であり, 写像 $\varphi : I \to \overline{I}$ として包含写像 $i : I \to \overline{I}$ を選べば, 例 3.14 の距離空間 $(I, d^1_I)$ の完備化となる.

**定理 3.16.** 1 次元ユークリッド空間 $(\mathbb{R}, d^1)$ において $\overline{\mathbb{Q}} = \mathbb{R}$ が成り立つ. また, $(\mathbb{R}, d^1)$ は, 例 3.15 の距離空間 $(\mathbb{Q}, d^1_{\mathbb{Q}})$ の完備化となる.

**証明.** まず，$\mathbb{Q} \subset \mathbb{R}$ であるから，定理 3.7 より $\overline{\mathbb{Q}} \subset \overline{\mathbb{R}} = \mathbb{R}$ となる．次に，$\overline{\mathbb{Q}} \supset \mathbb{R}$ となることを示す．

任意の $a \in \mathbb{R}$ に対して，集合 $A_1 = \{n \in \mathbb{N} \mid a < n\}$ を考える．$\mathbb{N}$ は上に有界でないから $A_1 \neq \emptyset$ であり，$A_1$ は整列集合で，最小値 $n_1$ が存在し．

$$0 < n_1 - a \leqq 1$$

となる．次に，集合 $A_2 = \{n \in \mathbb{N} \mid 10a < n\}$ に対して同様の議論をすれば，ある $n_2 \in \mathbb{N}$ が存在し，

$$0 < n_2 - 10a \leqq 1, \quad \text{すなわち，} \quad 0 < \frac{1}{10}n_2 - a \leqq \frac{1}{10}$$

となる．以下これを繰り返せば，任意の $k \in \mathbb{N}$ に対して $n_k \in \mathbb{N}$ が存在し，

$$0 < 10^{-(k-1)}n_k - a \leqq 10^{-(k-1)}$$

とできる．$r_k = 10^{-(k-1)}n_k \in \mathbb{Q}$ とおけば，

$$\lim_{k \to \infty} r_k = a$$

となり，$a \in \mathbb{R}$ が $\mathbb{Q}$ の触点であり（問 3.14 を参照），$\overline{\mathbb{Q}} \supset \mathbb{R}$ が示される．

最後に，写像 $\varphi : \mathbb{Q} \to \mathbb{R}$ として包含写像 $i : \mathbb{Q} \to \mathbb{R}$ を選べば，定理 3.13 の条件 (1) と (2) が $(\mathbb{Q}, d^1)$ と $(\mathbb{R}, d^1)$ に対して成り立ち，結論を得る． □

**注意 3.17.** 定理 3.16 で与えられた性質 $\overline{\mathbb{Q}} = \mathbb{R}$ を**有理数の稠密性**という．

**問 3.21.** 問 2.14 のように，各 $k \in \mathbb{N}$ に対して

$$A_k = \{\{a_n\}_{n=1}^{\infty} \in A \mid a_{n+k} = a_n, n \in \mathbb{N}\}$$

とおき，$X = \bigcup_{k=1}^{\infty} A_k$ とする．例 3.2(1) の距離空間 $(\{0,1\}^{\mathbb{N}}, d)$ が，その部分距離空間 $(X, d_X)$ の完備化となることを示せ．

**問 3.22.** 1 次元ユークリッド空間 $(\mathbb{R}, d^1)$ において，以下の集合を求めよ．

(1) $\mathbb{Q}^{\circ}$　(2) $\mathbb{Q}^e$　(3) $\mathbb{Q}^f$　(4) $\mathbb{Q}^d$

# 第4章

---

# 位相空間

---

　本章では，位相空間の定義から始めて，近傍系や連続写像，開基と基本近傍系，分離公理，直積空間と商空間，距離付け可能性，連結性など，位相空間の基本的事柄について解説する．なお，位相空間に関する，もう1つの基礎的かつ重要な概念であるコンパクト性については次章で取り扱う．

## 4.1　位相空間とは

　$X$ を空でない集合とする．$X$ の部分集合族 (すなわち，$X$ のべき集合 $\mathscr{P}(X)$ の部分集合) $\mathscr{O}$ は，次の3つの条件を満たすとき，集合 $X$ の**位相**であるという．

(O$_1$)　$X \in \mathscr{O}$, $\emptyset \in \mathscr{O}$ である．

(O$_2$)　任意の自然数 $k$ に対して，$O_1, \ldots, O_k \in \mathscr{O}$ ならば，$O_1 \cap \cdots \cap O_k \in \mathscr{O}$ である．

(O$_3$)　任意の添字集合 $\Lambda$ の添字付き集合族 $\{O_\lambda\}_{\lambda \in \Lambda}$ について，各 $\lambda \in \Lambda$ に対して $O_\lambda \in \mathscr{O}$ ならば，$\bigcup_{\lambda \in \Lambda} O_\lambda \in \mathscr{O}$ である．

位相 $\mathscr{O}$ が与えられた集合 $X$ を**位相空間**といい，$(X, \mathscr{O})$ で表す．位相 $\mathscr{O}$ があらかじめわかっているような場合には，単に $X$ を位相空間ということもある．集合 $X$ の元を位相空間 $(X, \mathscr{O})$ の**点**という．$\mathscr{O}$ に属する $X$ の部分集合を **$\mathscr{O}$-開集合**または単に**開集合**という．この意味から，$\mathscr{O}$ をまた $(X, \mathscr{O})$ の**開集合系**ともいう．以下に，位相空間のいくつかの例を与える．

**例 4.1.** (1) 距離空間 $(X, d)$ において，開集合全体は位相 $\mathscr{O}$ となる．この位相を $d$ によって定まる**距離位相**といい，$\mathscr{O}_d$ と記す．条件 (O$_1$)-(O$_3$) が成

り立つことは定理 3.3 によって保証される．以下では，特に明記しない限り，距離空間 $(X, d)$ はこの位相 $\mathscr{O}_d$ もつ位相空間とみなす．また，集合 $X$ の位相 $\mathscr{O}$ がある距離位相に一致するとき，その位相は**距離付け可能である**という．

(2) (1) の特別な場合として，$n$ 次元ユークリッド空間 $\mathbb{R}^n$ において，$n$ 次元ユークリッド距離関数 $d^n$ が定める開集合全体から成る集合族 $\mathscr{O}$ は位相となる．この位相を $\mathbb{R}^n$ の**通常の位相**という．以下では，特に明記しない限り，$n$ 次元ユークリッド空間 $\mathbb{R}^n$ はこの位相をもつ位相空間とする．

**例 4.2.** (1) $\mathscr{O} = \mathscr{P}(X)$ は任意の集合 $X$ の 1 つの位相となる．この位相を**離散位相**といい，位相空間 $(X, \mathscr{P}(X))$ を**離散空間**という．

(2) $\mathscr{O} = \{X, \emptyset\}$ も任意の集合 $X$ の 1 つの位相となる．この位相を**密着位相**といい，位相空間 $(X, \{X, \emptyset\})$ を**密着空間**という．

(3) 2 点 $a, b$ から成る集合 $X = \{a, b\}$ に対して，$\mathscr{O} = \{X, \emptyset, \{b\}\}$ は位相となる．位相空間 $(X, \mathscr{O})$ を**二点空間**という．

$(X, \mathscr{O})$ を位相空間とし，$A$ を空でない $X$ の部分集合とする．$\mathscr{O}_A = \{A \cap O \mid O \in \mathscr{O}\}$ は集合 $A$ の位相となる．この位相を集合 $A$ 上の $\mathscr{O}$ に関する**相対位相**といい，位相空間 $(A, \mathscr{O}_A)$ を位相空間 $(X, \mathscr{O})$ の**部分空間**という．

**問 4.1.** 相対位相 $\mathscr{O}_A$ が条件 (O$_1$)-(O$_3$) を満たすことを確めよ．

位相空間 $(X, \mathscr{O})$ において，$X$ の部分集合 $C$ は，その補集合 $C^c = X - C$ が $\mathscr{O}$ に属するとき，$\mathscr{O}$-**閉集合**または単に**閉集合**という．閉集合全体 $\mathscr{C}$ を**閉集合系**という．

**定理 4.1.** 位相空間 $(X, \mathscr{O})$ において閉集合系 $\mathscr{C}$ は次の条件を満たす．

**(C$_1$)** $X \in \mathscr{C}$, $\emptyset \in \mathscr{C}$ である．

**(C$_2$)** 任意の自然数 $k$ に対して，$C_1, \ldots, C_k \in \mathscr{C}$ ならば，$C_1 \cup \cdots \cup C_k \in \mathscr{C}$ である．

**(C$_3$)** 任意の添字集合 $\Lambda$ の添字付き集合族 $\{C_\lambda\}_{\lambda \in \Lambda}$ について，各 $\lambda \in \Lambda$ に対して $C_\lambda \in \mathscr{C}$ ならば，$\bigcap_{\lambda \in \Lambda} C_\lambda \in \mathscr{C}$ である．

**証明．** ド・モルガンの法則 (2.3) を用いれば，条件 (O$_1$)-(O$_3$) と閉集合の定義から直ちに導かれる． □

条件 $(C_1)$-$(C_3)$ を満足する閉集合系 $\mathscr{C}$ をまず与え，閉集合の補集合全体を位相 $\mathscr{O}$ と定めて，位相空間 $(X, \mathscr{O})$ を定義することも可能である．

**問 4.2.** $X$ を空でない集合とする．定理 4.1 の条件 $(C_1)$-$(C_3)$ を満足する集合族 $\mathscr{C}$ に対して，集合族 $\mathscr{O} = \{O \subset X \mid O^c \in \mathscr{C}\}$ を定める．このとき，$\mathscr{O}$ が条件 $(O_1)$-$(O_3)$ を満足することを示せ．

**例 4.3.** 複素数全体の集合 $\mathbb{C}$ において，空集合を含む有限集合全体と $\mathbb{C}$ 自身から成る集合族を $\mathscr{C}$ とする．このとき，$\mathscr{C}$ は条件 $(C_1)$-$(C_3)$ を満足し，閉集合系となる．これにより定まる位相を**ザリスキー位相**という．

**例 4.4.** 例 4.2(1) の離散空間 $(X, \mathscr{P}(X))$ においては，任意の部分集合は開集合であるだけでなく，閉集合でもある．

　$(X, \mathscr{O})$ を位相空間とし，$A$ を $X$ の部分集合とする．$A$ に含まれる開集合全体の和集合は，条件 $(O_3)$ により開集合であり，$A$ に含まれる最大の開集合となる．この集合を $A$ の**内部**または**開核**といい，$A^\circ$ または $\mathrm{Int}\,A$ で表す．$A^\circ$ の点を $A$ の**内点**という．また，$A$ を含む閉集合全体の共通部分は，閉集合であり (定理 4.1 を参照)，$A$ を含む最小の閉集合となる．この集合を $A$ の**閉包**といい，$\overline{A}$ または $\mathrm{cl}\,A$ で表す．$\overline{A}$ の点を $A$ の**触点**という．

**問 4.3.** 例 4.3 の $\mathbb{C}$ のザリスキー位相において，$\mathbb{Z}$ の閉包を求めよ．

**定理 4.2.** $(X, \mathscr{O})$ を位相空間，$A, B$ を $X$ の部分集合とする．次が成り立つ．
**(1)** $X^\circ = X$ 　**(2)** $A^\circ \subset A$ 　**(3)** $(A \cap B)^\circ = A^\circ \cap B^\circ$ 　**(4)** $(A^\circ)^\circ = A^\circ$

**証明.** (3) 以外は内部 $A^\circ$ が $A$ に含まれる最大の開集合であることより明らかである．(3) を示す．$A^\circ \cap B^\circ$ は $A \cap B$ に含まれ，かつ開集合であるから，$A^\circ \cap B^\circ \subset (A \cap B)^\circ$ となる．一方，$(A \cap B)^\circ \subset A \cap B$ より，$(A \cap B)^\circ \subset A$ かつ $(A \cap B)^\circ \subset B$ であるから，$(A \cap B)^\circ \subset A^\circ \cap B^\circ$ となる．以上より，(3) を得る．　　　　　□

**定理 4.3.** $(X, \mathscr{O})$ を位相空間，$A, B$ を $X$ の部分集合とする．次が成り立つ．
**(1)** $\overline{\emptyset} = \emptyset$ 　**(2)** $A \subset \overline{A}$ 　**(3)** $\overline{A \cup B} = \overline{A} \cup \overline{B}$ 　**(4)** $\overline{\overline{A}} = \overline{A}$

**証明.** (3) 以外は閉包 $\overline{A}$ が $A$ を含む最小の閉集合であることより明らかである．(3) を示す．$\overline{A} \cup \overline{B}$ は $A \cup B$ を含み，かつ閉集合であるから，$\overline{A \cup B} \subset \overline{A} \cup \overline{B}$

となる. 一方, $A \cup B \subset \overline{A \cup B}$ より, $A \subset \overline{A \cup B}$ かつ $B \subset \overline{A \cup B}$ であるから, $\overline{A} \cup \overline{B} \subset \overline{A \cup B}$ となる. 以上より, (3) を得る. □

**問 4.4.** 位相空間 $(X, \mathscr{O})$ において, 任意の添字集合 $\Lambda$ の添字付き集合族 $\{A_\lambda\}_{\lambda \in \Lambda}$ に対して次の関係式を示せ.

(1) $\bigcup_{\lambda \in \Lambda} A_\lambda^\circ \subset \left( \bigcup_{\lambda \in \Lambda} A_\lambda \right)^\circ$  (2) $\overline{\bigcap_{\lambda \in \Lambda} A_\lambda} \subset \bigcap_{\lambda \in \Lambda} \overline{A_\lambda}$

**問 4.5.** 問 4.4 の関係式において, 等号は一般に成立しないことを示せ.

 $(X, \mathscr{O})$ を位相空間とし, $A$ を $X$ の部分集合とする. $A$ の補集合 $A^c$ の内部 $(A^c)^\circ$ を**外部**といい, $A^e$ で表す. $A^e$ の点を**外点**という. 定義より $A^e$ は $A^c$ に含まれる最大の開集合だから, $(A^e)^c$ は $A$ を含む最小の閉集合となり,

$$\overline{A} = (A^e)^c \tag{4.1}$$

が成り立つ. $A$ の内点でも外点でもない $X$ の点を**境界点**という. 境界点全体の集合を $A$ の**境界**といい, $A^f$ または $\partial A$ で表す. すなわち,

$$A^f = X - (A^\circ \cup A^e)$$

である. これより, 距離空間の場合と同様に, $X$ は $A^\circ, A^e, A^f$ の直和となる:

$$X = A^\circ \cup A^e \cup A^f$$

また, 上式と式 (4.1) より

$$\overline{A} = A^\circ \cup A^f$$

である. 次の命題は閉包の概念に関して距離空間との類似性を示している.

**命題 4.4.** $(X, \mathscr{O})$ を位相空間, $A$ を $X$ の部分集合とする. $x \in \overline{A}$ であるためには, $x$ を含む任意の開集合 $O$ に対して $O \cap A \neq \emptyset$ となることが必要十分である.

**証明.** $x \in O \in \mathscr{O}$ かつ $O \cap A = \emptyset$ ならば, $O \subset A^c$ であるから $O \subset (A^c)^\circ = A^e$ となり, $x \notin \overline{A}$ を得る. よって, 条件は必要である. 逆に, $x \notin \overline{A}$ ならば, $x \in A^e$ であるから $O = A^e \in \mathscr{O}$ として $O \cap A = \emptyset$ が成り立つ. よって, 条件は十分である. □

**例 4.5.** 位相空間 $(X, \mathscr{O})$ において, $A \subset X$ かつ $O \in \mathscr{O}$ ならば

$$\overline{A} \cap O \subset \overline{A \cap O}$$

が成り立つ. 実際, $x \in \overline{A} \cap O$ かつ $x \in O' \in \mathscr{O}$ とすると, $x \in O' \cap O \in \mathscr{O}$ となり, また, $x \in \overline{A}$ であるから, 命題 4.4 により $(O' \cap O) \cap A = O' \cap (O \cap A) \neq \emptyset$ を得る. 再び, 命題 4.4 により, $x \in \overline{O \cap A}$ が成り立つ.

**問 4.6.** 位相空間 $(X, \mathscr{O})$ において, $A \subset X$ と $O \in \mathscr{O}$ について, $A \cap O = \emptyset$ ならば $\overline{A} \cap O = \emptyset$ が成り立つことを示せ.

　点 $x \in X$ が集合 $A - \{x\}$ の触点であるとき, $x$ は $A$ の**集積点**という. $A$ の集積点全体の集合を**導集合**といい, $A^d$ で表す. また, $A - A^d$ の点を**孤立点**という. これらも距離空間の場合と同様である.

**例 4.6.** $\overline{A} - A \neq \emptyset$ のとき, 点 $x \in \overline{A} - A$ は $A$ の集積点となる. 実際, このとき $x \notin A$ であるから, $\overline{A - \{x\}} = \overline{A}$ が成り立ち, $x \in \overline{A - \{x\}}$ となる.

**問 4.7.** $\mathscr{O}$ を 2 次元ユークリッド空間 $\mathbb{R}^2$ の通常の位相とし, $A = \{(x_1, x_2) \in \mathbb{R}^2 \mid x_1 \geqq 0\}$, $\mathscr{O}_A$ を $A$ の上の $\mathscr{O}$ に関する相対位相とする. このとき,

$$B = \{(x_1, x_2) \in \mathbb{R}^2 \mid x_1^2 + x_2^2 < 0, x_1 \geqq 0\}$$

に対して次のものを求めよ (問 3.7 も参照).

(1) 位相空間 $(\mathbb{R}^2, \mathscr{O})$ における境界　(2) 部分空間 $(A, \mathscr{O}_A)$ における境界

　$\mathscr{O}_1, \mathscr{O}_2$ を集合 $X$ の位相とする. $\mathscr{O}_1 \subset \mathscr{O}_2$ のとき, $\mathscr{O}_1$ は $\mathscr{O}_2$ より**弱い位相**または**小さい位相**であるといい, また, $\mathscr{O}_2$ は $\mathscr{O}_1$ より**強い位相**または**大きい位相**であるという. 離散位相は最も強い位相であり, 密着位相は最も弱い位相である.

## 4.2　近傍系と連続写像

　$(X, \mathscr{O})$ を位相空間とする. 点 $a \in X$ が部分集合 $U \subset X$ の内点であるとき, $U$ を $a$ の**近傍**という. 特に, 点 $a$ を含む開集合はすべて $a$ の近傍であり, **開近傍**と呼ばれる. 点 $a$ の近傍全体から成る集合族を $a$ の**近傍系**といい, $\mathscr{U}(a)$ と表す.

**定理 4.5.** $(X, \mathscr{O})$ を位相空間とする. 点 $a \in X$ の近傍系 $\mathscr{U}(a)$ は次の 4 つの性質を満たす.

**(1)** $U \in \mathscr{U}(a)$ ならば $a \in U$ となる.

**(2)** $U_1, U_2 \in \mathscr{U}(a)$ ならば, $U_1 \cap U_2 \in \mathscr{U}(a)$ である.

**(3)** $U \in \mathscr{U}(a)$ かつ $U \subset V \subset X$ ならば，$V \in \mathscr{U}(a)$ である.

**(4)** 任意の $U \in \mathscr{U}(a)$ に対して $V \in \mathscr{U}(a)$ が存在し，各点 $x \in V$ に対して $U \in \mathscr{U}(x)$ とできる.

**証明.** (2) と (4) 以外は定義から明らかであろう. 以下では (2) と (4) の証明を与える.

まず，(2) を示す. $U_1, U_2 \in \mathscr{U}(a)$ とすると，$a \in U_1^\circ$ かつ $a \in U_2^\circ$ となる. さらに，定理 4.2(3) より $(U_1 \cap U_2)^\circ = U_1^\circ \cap U_2^\circ$ であるから，$a \in (U_1 \cap U_2)^\circ$ となり，(2) を得る.

次に，(4) を示す. 任意の $U \in \mathscr{U}(a)$ に対して，$V = U^\circ$ とおけば，$a \in V$ であり，よって $V \in \mathscr{U}(a)$ となる. さらに，任意の $x \in V$ に対して，$x$ は $U$ の内点であるから $U \in \mathscr{U}(x)$ となる. このように (4) が成り立つ. □

**例 4.7.** 1 次元ユークリッド空間 $\mathbb{R}$ において，点 $a \in \mathbb{R}$ の近傍系 $\mathscr{U}(a)$ は，$a_1 < a < a_2$ として開区間 $(a_1, a_2)$ を含む集合全体となる.

**定理 4.6.** $X$ を空でない集合とする. 各点 $a \in X$ に対して，空でない部分集合族 $\mathscr{U}(a)$ が定理 4.5 の性質 (1)-(4) を満たすならば，$\mathscr{U}(a)$ を近傍系とする位相 $\mathscr{O}$ がただ 1 つ存在する.

**証明.** まず，次の補題が成り立つ.

**補題 4.7.** $\mathscr{U}(a)$ を近傍系とする. 空でない集合 $O \subset X$ が開集合となるためには，$a \in O$ ならば $O \in \mathscr{U}(a)$ となることが必要十分である.

**証明.** 必要性は明らかだから十分性を示す. 任意の $a \in O$ に対して，$O \in \mathscr{U}(a)$ より $a \in O^\circ$ となり，$O \subset O^\circ$ が成り立つ. よって，$O = O^\circ$ となり，$O$ は開集合である. □

補題 4.7 により，$\mathscr{U}(a)$ が近傍系ならば，開集合系 $\mathscr{O}$ は次を満たす.

$$\mathscr{O} = \{O \in \mathscr{P}(X) \mid a \in O \text{ ならば } O \in \mathscr{U}(a)\} \tag{4.2}$$

したがって，近傍系 $\mathscr{U}(a)$ から開集合系 $\mathscr{O}$ が一意的に定まる.

次に，空でない $\mathscr{U}(a)$ が定理 4.5 の性質 (1)-(4) を満たすものと仮定し，式 (4.2) により定められる部分集合族 $\mathscr{O}$ が条件 ($O_1$)-($O_3$) を満たし，位相となる

ことを示そう．まず，式 (4.2) より $\emptyset \in \mathscr{O}$ である．また，仮定より，各 $a \in X$ に対して $U \in \mathscr{U}(a)$ が存在し，$U \subset X$ と条件 (3) とから $X \in \mathscr{U}(a)$ を得る．よって，$X \in \mathscr{O}$ であり，条件 ($O_1$) が成り立つ．一方，$O_1, O_2 \in \mathscr{O}$ かつ $O_1 \cap O_2 \neq \emptyset$ とする．$a \in O_1 \cap O_2$ ならば，条件 (2) により $O_1 \cap O_2 \in \mathscr{U}(a)$ であるから，$O_1 \cap O_2 \in \mathscr{O}$ となる．これを繰り返せば条件 ($O_2$) が得られる．さらに，$\{O_\lambda\}_{\lambda \in \Lambda}$ を任意の添字集合 $\Lambda$ の添字集合族とし，各 $\lambda \in \Lambda$ に対して $O_\lambda \in \mathscr{O}$ とし，$O = \bigcup_{\lambda \in \Lambda} O_\lambda$ とおく．$a \in O$ ならば，ある $\lambda \in \Lambda$ に対して $a \in O_\lambda$ であり，$O_\lambda \in \mathscr{U}(a)$ となる．よって，$O_\lambda \subset O$ と条件 (3) とから $O \in \mathscr{U}(a)$ となり，$O \in \mathscr{O}$ を得る．したがって，条件 ($O_3$) が成り立つ．

最後に，$\mathscr{U}(a)$ が $\mathscr{O}$ の近傍系であることを示して証明を終える．まず，$U$ を $a \in X$ の近傍とする．$a \in U^\circ \in \mathscr{O}$ だから補題 4.7 により $U^\circ \in \mathscr{U}(a)$ であり，条件 (3) より $U \in \mathscr{U}(a)$ を得る．一方，$U \in \mathscr{U}(a)$ とし，

$$U' = \{x \in X \mid U \in \mathscr{U}(x)\}$$

とおく．このとき，$a \in U'$ であり，任意の $x \in U'$ に対して，$U \in \mathscr{U}(x)$ が成り立つから条件 (1) より $x \in U$ となる．よって，$a \in U' \subset U$ であり，また，条件 (4) により $V \in \mathscr{U}(a)$ が存在し，各 $x \in V$ に対して $U \in \mathscr{U}(x)$ となる．したがって，$V \subset U'$ であり，条件 (3) より $U' \in \mathscr{U}(a)$ となり，$U' \in \mathscr{O}$ を得る．このように $U \supset U'$ は $a$ の近傍である． $\qquad \square$

$(X_1, \mathscr{O}_1)$ と $(X_2, \mathscr{O}_2)$ を 2 つの位相空間とする．写像 $f : X_1 \to X_2$ が点 $x \in X_1$ で**連続**であるとは，点 $f(x) \in X_2$ の近傍 $U \subset X_2$ の $f$ による逆像 $f^{-1}(U) \subset X_1$ がつねに $x$ の近傍となることである．写像 $f : X_1 \to X_2$ が任意の点 $x \in X_1$ で連続であるとき，単に**連続**であるといい，$(X_1, \mathscr{O}_1)$ から $(X_2, \mathscr{O}_2)$ への**連続写像**という．

**例 4.8.** (1) $(X_1, \mathscr{O}_1)$ が例 4.2(1) の離散空間である場合や $(X_2, \mathscr{O}_2)$ が例 4.2(2) の密着空間である場合，任意の写像 $f : X_1 \to X_2$ は連続である．

(2) $X_1 = X_2 = X$ とする．恒等写像 $1_X : X \to X$ が $(X, \mathscr{O}_1)$ から $(X, \mathscr{O}_2)$ への連続となるためには，$\mathscr{O}_1$ が $\mathscr{O}_2$ よりも強い位相，すなわち，$\mathscr{O}_1 \supset \mathscr{O}_2$ であることが必要十分である．

(3) 位相空間 $(X, \mathscr{O})$ において，空でない部分集合 $A \subset X$ に対する部分空間

$(A, \mathscr{O}_A)$ を考える. $U \in \mathscr{O}$ に対して $A \cap U \subset U$ であるから, 包含写像 $i : A \to X$ は連続である.

**問 4.8.** 2 つの距離空間 $(X_1, d_1), (X_2, d_2)$ に対して, 写像 $f : X_1 \to X_2$ が 3.3 節の意味で連続であるとする. $\mathscr{O}_1$ と $\mathscr{O}_2$ を, それぞれ, $d_1$ と $d_2$ によって定まる距離位相とするとき, 写像 $f$ が 2 つの位相空間 $(X_1, \mathscr{O}_1), (X_2, \mathscr{O}_2)$ に対しても連続となることを確認せよ.

距離空間に対する定理 3.5 と同様に, 次の定理が成り立つ.

**定理 4.8.** $(X_1, \mathscr{O}_1), (X_2, \mathscr{O}_2)$ を位相空間とする. 写像 $f : X_1 \to X_2$ について次の 4 つの条件は同値である.

**(1)** $f$ は連続である.

**(2)** $\mathscr{O}_2$-開集合 $O$ に対して $f^{-1}(O)$ は $\mathscr{O}_1$-開集合となる.

**(3)** $\mathscr{O}_2$-閉集合 $C$ に対して $f^{-1}(C)$ は $\mathscr{O}_1$-閉集合となる.

**(4)** $X_1$ の任意の部分集合 $A$ について $f(\overline{A}) \subset \overline{f(A)}$ が成り立つ.

**証明.** 定理 3.5 の証明と同様である. □

**例 4.9.** $\mathscr{O}$ を例 4.3 のザリスキー位相とし, $X_1 = X_2 = \mathbb{C}$, $\mathscr{O}_1 = \mathscr{O}_2 = \mathscr{O}$ とする. $x \in \mathbb{C}$ に対して $f(x) = x^2$ で与えられる写像 $f : \mathbb{C} \to \mathbb{C}$ は, 任意の $c = re^{i\theta} \in \mathbb{C}$ $(r \geqq 0, \theta \in [0, 2\pi))$ に対して $f^{-1}(c) = \{\pm\sqrt{r}e^{i\theta/2}\}$ となるから, 定理 4.8 の条件 (3) を満たす. よって, $f$ は連続である. 一方, $f(x) = |x|$ に対しては, 任意の $c \in \mathbb{R}$ に対して $f^{-1}(c) = \{ce^{i\theta} \mid \theta \in [0, 2\pi)\}$ となり, 定理 4.8 の条件 (3) を満たさないので, 連続でない.

**問 4.9.** 例 4.9 の位相空間 $(\mathbb{C}, \mathscr{O})$ において, 次式で与えられる写像 $f : \mathbb{C} \to \mathbb{C}$ は連続か.

(1) $f(x) = x^3$  (2) $f(x) = e^x$

**問 4.10.** $(X_1, \mathscr{O}_1)$ を例 4.9 の位相空間 $(\mathbb{C}, \mathscr{O})$, $(X_2, \mathscr{O}_2)$ を例 4.2(1) の離散空間とする. 像 $f(\mathbb{C})$ が一点集合でない写像 $f : \mathbb{C} \to X_2$ は連続でないことを示せ.

**定理 4.9.** $(X_j, \mathscr{O}_j)$ $(j = 1, 2, 3)$ を位相空間とし, 写像 $f : X_1 \to X_2$ と $g : X_2 \to X_3$ が連続とする. このとき, 合成写像 $g \circ f : X_1 \to X_3$ も連続である.

**証明.**　$f : X_1 \to X_2$ と $g : X_2 \to X_3$ を連続写像とする. 定理 4.8 より, $\mathscr{O}_3$-開集合 $O_3$ に対して $g^{-1}(O_3)$ は $\mathscr{O}_2$-開集合であり, $f^{-1}(g^{-1}(O_3))$ は $\mathscr{O}_1$-開集合となる. 再び, 定理 4.8 を用いれば, 結論を得る.　□

**問 4.11.** $n$ を自然数とし, 位相空間 $(X, \mathscr{O})$ から $n$ 次元ユークリッド空間 $(\mathbb{R}^n, d^n)$ への 2 つの写像 $f_1, f_2 : X \to \mathbb{R}^n$ が連続とする. このとき, 任意の $a_1, a_2 \in \mathbb{R}$ に対して写像 $g = a_1 f_1 + a_2 f_2 : X \to \mathbb{R}^n$ も連続であることを示せ.

　$(X_1, \mathscr{O}_1), (X_2, \mathscr{O}_2)$ を位相空間とする. 写像 $f : X_1 \to X_2$ が全単射であり, $f$ が $(X_1, \mathscr{O}_1)$ から $(X_2, \mathscr{O}_2)$ への連続写像で, かつ $f$ の逆写像 $f^{-1}$ も $(X_2, \mathscr{O}_2)$ から $(X_1, \mathscr{O}_1)$ への連続写像であるとき, $f$ は $(X_1, \mathscr{O}_1)$ から $(X_2, \mathscr{O}_2)$ への**同相写像**であるといい, このような写像が存在するとき, $(X_1, \mathscr{O}_1)$ と $(X_2, \mathscr{O}_2)$ は**同相**または**位相同型**であるという. 容易に次が得られる.

**命題 4.10.** 位相空間 $(X_1, \mathscr{O}_1)$ と $(X_2, \mathscr{O}_2)$ が同相であり, $f : X_1 \to X_2$ を同相写像とする. $O \in \mathscr{O}_1$ であるためには $f(O) \in \mathscr{O}_2$ であることが必要十分である.

**証明.**　命題の前提条件が成り立つものと仮定する. このとき, $O \in \mathscr{O}_1$ ならば, $f^{-1}$ に定理 4.8 を適用すると $f(O) \in \mathscr{O}_2$ が得られ, 逆に, $f(O) \in \mathscr{O}_2$ ならば, $f$ に定理 4.8 を適用すると $O \in \mathscr{O}_1$ が得られる.　□

**例 4.10.** 例 3.2(1) の距離空間 $(\{0,1\}^{\mathbb{N}}, d)$ および例 3.9 のカントール集合 $I_c \subset \mathbb{R}$ に対する 1 次元ユークリッド空間 $(\mathbb{R}, d^1)$ の部分距離空間 $(I_c, d^1_{I_c})$ を考える. このとき,

$$f(\{a\}_{n=1}^{\infty}) = \sum_{n=1}^{\infty} \frac{2a_n}{3^n} \tag{4.3}$$

によって定められる同相写像 $f : \{0,1\}^{\mathbb{N}} \to I_c$ により, $\{0,1\}^{\mathbb{N}}$ と $I_c$ は同相となる. 特に, $I_c$ は $\{0,1\}^{\mathbb{N}}$ と濃度が等しく, 問 2.15 により連続の濃度をもつ.

**問 4.12.** 例 4.10 において, 次の点 $a \in X_1$ または $x \in X_2$ に対して $f$ の像または逆像を求めよ.

(1) $a = \{a_n \mid a_{2n-1} = 0, a_{2n} = 1, n \in \mathbb{N}\}$　(2) $x = 9/13$

**問 4.13.** 1 次元ユークリッド空間 $\mathbb{R}$ と, $a < b$ として開区間 $(a, b)$ に対するその部分空間を考える. これら 2 つの位相空間は同相か.

**問 4.14.** $(X_1, \mathscr{O}_1)$ と $(X_2, \mathscr{O}_2)$ および $(X_2, \mathscr{O}_2)$ と $(X_3, \mathscr{O}_3)$ が同相ならば，$(X_1, \mathscr{O}_1)$ と $(X_3, \mathscr{O}_3)$ も同相となることを示せ．

次の例でみるように，連続な全単射写像は必ずしも同相写像ではない．

**例 4.11.** $X_1 = X_2 = X$，$\mathscr{O}_1 \supsetneqq \mathscr{O}_2$ とする．例 4.8(2) より，恒等写像 $1_X$ は位相空間 $(X, \mathscr{O}_1)$ から $(X, \mathscr{O}_2)$ への連続写像であるが，その逆写像 $1_X$ は位相空間 $(X, \mathscr{O}_2)$ から $(X, \mathscr{O}_1)$ への連続写像ではない．

$(X_1, \mathscr{O}_1)$，$(X_2, \mathscr{O}_2)$ を位相空間とする．写像 $f : X_1 \to X_2$ に対して，任意の $\mathscr{O}_1$-開集合 $O_1 \subset X_1$ の像 $f(O_1)$ が $\mathscr{O}_2$-開集合となるとき，$f$ を**開写像**といい，任意の $\mathscr{O}_1$-閉集合 $C_1 \subset X_1$ の像 $f(C_1)$ が $\mathscr{O}_2$-閉集合となるとき，$f$ を**閉写像**という．開写像であっても閉写像とは限らないし，その逆も成り立たない．また，開写像あるいは閉写像であっても必ずしも連続ではない（定理 4.8 と比較せよ）．

**例 4.12.** (1) $(X_2, \mathscr{O}_2)$ が例 4.2(1) の離散空間である場合には，任意の写像 $f : X_1 \to X_2$ は開写像かつ閉写像である．

(2) $X_1 = X_2 = X$ とする．恒等写像 $1_X$ が位相空間 $(X, \mathscr{O}_1)$ から $(X, \mathscr{O}_2)$ への開写像となるためには，$\mathscr{O}_1$ が $\mathscr{O}_2$ に等しいかより弱い位相，すなわち，$\mathscr{O}_1 \subset \mathscr{O}_2$ であることが必要十分である．

(3) 位相空間 $(X, \mathscr{O})$ に対して，空でない部分集合 $A \subset X$ に対する部分空間 $(A, \mathscr{O}_A)$ を考える．包含写像 $i : A \to X$ は必ずしも開写像や閉写像とはならない．また，開写像と閉写像となるためには，それぞれ，$A$ が開集合と閉集合となることが必要十分である．

**問 4.15.** 2 次元ユークリッド空間 $\mathbb{R}^2$ から 1 次元ユークリッド空間 $\mathbb{R}$ への写像 $f(x_1, x_2) = x_1$ を考える．ここで，$(x_1, x_2) \in \mathbb{R}^2$ である．写像 $f$ は開写像か．また，閉写像か．

**問 4.16.** $(X_j, \mathscr{O}_j)$ $(j = 1, 2, 3)$ を位相空間とする．写像 $f : X_1 \to X_2$ と $g : X_2 \to X_3$ が開写像ならば，合成写像 $g \circ f : X_1 \to X_3$ も開写像であることを示せ．また，$f$ と $g$ が閉写像ならば，$g \circ f$ も閉写像であることを示せ．

写像 $f : X_1 \to X_2$ が逆写像 $f^{-1} : X_2 \to X_1$ をもつとき，定理 4.8 より，$f$ が開写像であること，$f$ が閉写像であること，逆写像 $f^{-1}$ が連続であることは

同値である．よって，連続な全単射は必ずしも同相写像ではないが，次の命題が成り立つ．

**命題 4.11.** $(X_1, \mathscr{O}_1)$ と $(X_2, \mathscr{O}_2)$ を位相空間とする．連続写像 $f : X_1 \to X_2$ が同相写像であるためには，全単射かつ開写像 (あるいは閉写像) であることが必要十分である．

**例 4.13.** 例 4.10 において，式 (4.3) で定められる写像 $f : \{0, 1\}^{\mathbb{N}} \to I_c$ は同相写像であるから，命題 4.11 により開写像かつ閉写像でもある．

**問 4.17.** 1 次元ユークリッド空間 $\mathbb{R}$ から，開区間 $(-1, 1)$ に対するその部分空間への写像 $f : x \mapsto (2/\pi)\arctan x$ は開写像か．また，閉写像か．

## 4.3 開基と基本近傍系

集合族 $\{A \subset X \mid A \in \mathscr{A}\}$ の和集合と共通部分を，それぞれ，$\bigcup \mathscr{A}$ と $\bigcap \mathscr{A}$ と書くことにする．すなわち，

$$\bigcup \mathscr{A} = \bigcup \{A \mid A \in \mathscr{A}\} = \bigcup_{A \in \mathscr{A}} A, \quad \bigcap \mathscr{A} = \bigcap \{A \mid A \in \mathscr{A}\} = \bigcap_{A \in \mathscr{A}} A$$

である．さらに，$\mathscr{A} = \emptyset$ のときは，

$$\bigcup \mathscr{A} = \emptyset, \quad \bigcap \mathscr{A} = X \tag{4.4}$$

と定める．式 (4.4) の第 1 式の定義は自然である．また，式 (4.4) の第 2 式についても，集合族 $\mathscr{A}$ に対するド・モルガンの法則

$$\left( \bigcap_{A \in \mathscr{A}} A \right)^c = \bigcup_{A \in \mathscr{A}} A^c$$

(式 (2.3) を参照) が $\mathscr{A} = \emptyset$ の場合にも成り立つものとすれば，妥当であろう．

$(X, \mathscr{O})$ を位相空間とする．$\mathscr{O}$ の部分集合 $\mathscr{V}$ について，任意の $\mathscr{O}$-開集合 $O$ に対して $\mathscr{V}$ の部分集合 $\mathscr{V}_0$ が存在し，$O = \bigcup \mathscr{V}_0$ とできるとき，$\mathscr{V}$ を $\mathscr{O}$ の開基または基底という．

**定理 4.12.** $(X, \mathscr{O})$ を位相空間とする．集合族 $\mathscr{V} \subset \mathscr{P}(X)$ が $\mathscr{O}$ の開基であるためには，任意の $\mathscr{O}$-開集合 $O$ と点 $x \in O$ に対して，$x \in V$ かつ $V \subset O$ となる集合 $V \in \mathscr{V}$ が存在することが必要十分である．

**証明．** まず，必要性を示す．$\mathscr{V}$ が $\mathscr{O}$ の開基であると仮定すると，任意の $\mathscr{O}$-開

集合 $O$ に対して $\mathscr{V}$ の部分集合 $\mathscr{V}_0$ が存在し，$O = \bigcup \mathscr{V}_0$ とできる．よって，任意の点 $x \in O$ に対して $V \in \mathscr{V}_0 \subset \mathscr{V}$ が存在し，$x \in V \subset O$ とできる．

次に，十分性を示す．任意の $\mathscr{O}$-開集合 $O$ と点 $x \in O$ に対して，$x \in V_x \subset O$ となる集合 $V_x \in \mathscr{V}$ が存在するものと仮定する．このとき，$\mathscr{V}_0 = \{V_x \mid x \in O\}$ とおくと，$\mathscr{V}_0 \subset \mathscr{V}$ かつ $O = \bigcup \mathscr{V}_0$ となる．よって，$\mathscr{V}$ は $\mathscr{O}$ の開基である．$\square$

**例 4.14.** (1) 距離空間 $(X, d)$ を考える．定理 4.12 より，開球体全体の集合は対応する距離位相 $\mathscr{O}_d$ の開基となる．実際，任意の $\mathscr{O}_d$-開集合 $O$ と点 $x \in O$ に対して，正数 $\varepsilon$ を十分小さく選べば，$x \in B(x; \varepsilon) \subset O$ とできる．

(2) 例 4.2(1) の離散空間 $(X, \mathscr{P}(X))$ において，$\mathscr{V} = \{\{x\}\}$ は開基である．

**問 4.18.** 例 4.14(1) において，$\mathscr{V} = \{B(x; 1/n) \mid x \in X, n \in \mathbb{N}\}$ も開基となることを示せ．

**命題 4.13.** 位相空間 $(X, \mathscr{O})$ において，$\mathscr{V} \subset \mathscr{O}$ が $\mathscr{O}$ の開基であるためには，

$$\mathscr{O} = \left\{ \bigcup \mathscr{W} \mid \mathscr{W} \subset \mathscr{V} \right\} \tag{4.5}$$

となることが必要十分である．

**証明.** 十分性は明らかであるから必要性を示す．$\mathscr{V}$ を開基とし，式 (4.5) の右辺を $\mathscr{O}'$ とおく．このとき，$O \in \mathscr{O}$ ならば，$\mathscr{W} \subset \mathscr{V}$ が存在して $O = \bigcup \mathscr{W}$ となることより，$\mathscr{O} \subset \mathscr{O}'$ である．また，$\mathscr{V} \subset \mathscr{O}$ であるから $\mathscr{O}' \subset \mathscr{O}$ となり，式 (4.5) を得る．$\square$

命題 4.13 から，開基により位相が一意的に定まることがわかる．また，次が成り立つ．

**定理 4.14.** $X$ を空でない集合，$\mathscr{V}$ を $X$ の部分集合族とする．$\mathscr{V}$ が $X$ のある位相の開基となるためには次の 2 つの条件が成り立つことが必要十分である．

**(1)** $X = \bigcup \mathscr{V}$

**(2)** $V_1, V_2 \in \mathscr{V}$ かつ $x \in V_1 \cap V_2$ ならば，$V \in \mathscr{V}$ が存在して $x \in V \subset V_1 \cap V_2$ となる．

**証明.** $\mathscr{V}$ を位相 $\mathscr{O}$ の開基とし，必要性を示す．$X \in \mathscr{O}$ であるから，部分集合族 $\mathscr{V}_X \subset \mathscr{V}$ で $X = \bigcup \mathscr{V}_X$ なるものが存在する．よって，$\bigcup \mathscr{V}_X \subset \bigcup \mathscr{V} \subset X$ より，(1) を得る．また，$V_1, V_2 \in \mathscr{V}$ かつ $x \in V_1 \cap V_2$ とする．$V_1, V_2$ は開集

合であるから，$(O_2)$ より $V_1 \cap V_2$ も開集合となる．よって，定理 4.12 により (2) を得る．

　次に，$X$ の部分集合族 $\mathscr{V}$ が (1) と (2) を満足するものとして十分性を示す．$\mathscr{O}$ を $\mathscr{V}$ により式 (4.5) から定められる部分集合族とする．以下のように，$\mathscr{O}$ は $X$ の位相となる．まず，$\mathscr{W} = \emptyset$ ならば $\bigcup \mathscr{W} = \emptyset$ より $\emptyset \in \mathscr{O}$ であり，(1) とから $(O_1)$ が成り立つ．一方，各 $j = 1, 2$ に対して，$O_j \in \mathscr{O}$ とすると，部分集合族 $\mathscr{W}_j \subset \mathscr{V}$ が存在して $O_j = \bigcup \mathscr{W}_j$ とできる．よって，$x \in O_1 \cap O_2$ ならば，(2) により $x \in V_x \subset O_1 \cap O_2$ を満たす $V_x \in \mathscr{V}$ が存在する．したがって，$O_1 \cap O_2 = \bigcup \{V_x \in \mathscr{V} \mid x \in O_1 \cap O_2\}$ となり，$O_1 \cap O_2 \in \mathscr{O}$ が成り立つ．この操作を有限回繰り返せば，任意の $n \geqq 3$ に対して，$O_j \in \mathscr{O}$ $(j = 1, \dots, n)$ ならば $\bigcap_{j=1}^{n} O_j \in \mathscr{O}$ も示され，$(O_2)$ を得る．さらに，$\{O_\lambda \in \mathscr{O} \mid \lambda \in \Lambda\}$ を任意の添字集合 $\Lambda$ の添字付き部分集合族とする．各 $\lambda \in \Lambda$ に対して部分集合族 $\mathscr{W}_\lambda \subset \mathscr{V}$ が存在して $O_\lambda = \bigcup \mathscr{W}_\lambda$ とできる．よって，$\hat{\mathscr{W}} = \bigcup_{\lambda \in \Lambda} \mathscr{W}_\lambda$ とすると，$\bigcup_{\lambda \in \Lambda} O_\lambda = \bigcup \hat{\mathscr{W}} \in \mathscr{O}$ となり，$(O_3)$ を得る．最後に，命題 4.13 により $\mathscr{V}$ は $\mathscr{O}$ の開基である．　　　　　　　　　　　　　　□

　$(X, \mathscr{O})$ を位相空間とする．点 $x \in X$ の近傍系 $\mathscr{U}(x)$ の部分集合 $\mathscr{V}(x)$ について，任意の $U \in \mathscr{U}(x)$ に対して $V \subset U$ となる元 $V \in \mathscr{V}(x)$ が存在するとき，$\mathscr{V}(x)$ を点 $x$ の**基本近傍系**という．

**例 4.15.** (1) 点 $x$ の開近傍の全体，すなわち，$x$ を含む $\mathscr{O}$-開集合の全体は $x$ の基本近傍系である．

(2) 距離空間 $(X, d)$ において $\mathscr{V}(x) = \{B(x; 1/n) \mid n \in \mathbb{N}\}$ は点 $x$ の基本近傍系となる．

**命題 4.15.** 位相空間 $(X, \mathscr{O})$ において，各点 $x \in X$ において，$\mathscr{U}(x)$ が近傍系であるとき，$\mathscr{V}(x)$ が基本近傍系となるためには，

$$\mathscr{U}(x) = \{U \in \mathscr{P}(X) \mid V \subset U, V \in \mathscr{V}(x)\} \tag{4.6}$$

となることが必要十分である．

**証明．**　十分性は明らかであるから，必要性を示す．$\mathscr{U}(x)$ と $\mathscr{V}(x)$ を，それぞれ，点 $x$ の近傍系と基本近傍系とし，式 (4.6) の右辺を $\mathscr{U}'(x)$ とおく．基本近

傍系の定義より $\mathscr{U}(x) \subset \mathscr{U}'(x)$ となり，また，近傍系の定義と $\mathscr{V}(x) \subset \mathscr{U}(x)$ より $\mathscr{U}'(x) \subset \mathscr{U}(x)$ となるから，式 (4.6) を得る．　　　　□

命題 4.15 により基本近傍系から近傍系が，よって定理 4.6 により位相が一意的に定まることがわかる．

**問 4.19.** 任意の集合 $X$ に対して，$d_1, d_2 : X \times X \to \mathbb{R}$ を異なる距離関数とする．それぞれに対応する距離位相 $\mathscr{O}_{d_1}, \mathscr{O}_{d_2}$ が一致する，すなわち，$\mathscr{O}_{d_1} = \mathscr{O}_{d_2}$ となるためには，任意の点 $x \in X$ と正数 $\varepsilon$ に対して，ある正数 $\delta$ が存在し，次の 2 つが成り立つことが必要十分であることを示せ．

(1) $d_1(x, y) < \delta$ ならば $d_2(x, y) < \varepsilon$

(2) $d_2(x, y) < \delta$ ならば $d_1(x, y) < \varepsilon$

$(X, \mathscr{O})$ を位相空間とする．各点 $x \in X$ が高々可算個の近傍から成る基本近傍系をもつとき，位相空間 $(X, \mathscr{O})$ および位相 $\mathscr{O}$ は**第 1 可算公理**を満足するという．例 4.15(2) より，距離位相はつねに第 1 可算公理を満足する．また，位相 $\mathscr{O}$ が高々可算個の開集合から成る開基をもつとき，位相空間 $(X, \mathscr{O})$ および位相 $\mathscr{O}$ は**第 2 可算公理**を満足するという．さらに，部分集合 $A \subset X$ について，その閉包 $\overline{A}$ が $X$ に一致するとき，$A$ は位相空間 $(X, \mathscr{O})$ の**稠密**な部分集合であるという (3.5 節も参照)．稠密な高々可算な部分集合をもつ位相空間は**可分**であるという．

**定理 4.16.** 第 2 可算公理を満たす位相空間は第 1 可算公理を満たし，可分である．

**証明.** $(X, \mathscr{O})$ を第 2 可算公理を満たす位相空間とし，$\Lambda$ を高々可算集合として $\mathscr{V} = \{V_\lambda \mid \lambda \in \Lambda\}$ を $\mathscr{O}$ の開基とする．このとき，任意の点 $x \in X$ に対して，$U$ を $x$ の近傍とすると，高々可算集合 $\Lambda_U \subset \Lambda$ が存在して

$$U^\circ = \bigcup_{\lambda \in \Lambda_U} V_\lambda \subset U$$

とできる．よって，

$$\mathscr{V}(x) = \left\{ V_\lambda \mid \lambda \in \bigcup_{U \in \mathscr{U}(x)} \Lambda_U \subset \Lambda \right\}$$

は高々可算個の近傍から成る基本近傍系となり，$(X, \mathscr{O})$ は第 1 可算公理を満たす．

一方，各 $\lambda \in \Lambda$ に対して1つの点 $a_\lambda \in V_\lambda$ を選び，$A = \{a_\lambda \mid \lambda \in \Lambda\}$ とおく．任意の $O \in \mathscr{O}$ に対して部分集合 $\Lambda_0 \subset \Lambda$ が存在し，$O = \bigcup_{\lambda \in \Lambda_0} V_\lambda$ と書けるから

$$O \cap A \supset \{a_\lambda \mid \lambda \in \Lambda_0\} \neq \emptyset$$

となる．よって，$A^e = \emptyset$ であり，式 (4.1) とから $\overline{A} = X$ となる．したがって，$A$ は稠密な高々可算な部分集合となり，$(X, \mathscr{O})$ は可分である． $\square$

**例 4.16.** $n \in \mathbb{N}$ として $n$ 次元ユークリッド空間 $\mathbb{R}^n$ を考える．すべての座標が有理数である有理点 $x$ において半径 $r$ が有理数である開球体の全体を $\mathscr{V}$，すなわち，

$$\mathscr{V} = \{B(x; r) \mid x \in \mathbb{Q}^n, r \in \mathbb{Q}, r > 0\}$$

とする．任意の点 $y \in \mathbb{R}^n$ と半径 $\rho > 0$ に対して，有理点 $x \in \mathbb{Q}^n$ と有理数 $r \in \mathbb{Q}$ が存在し (定理 3.16 を参照)，$B(x; r) \subset B(y; \rho)$ とできる．例 4.14(1) より，開球体全体の集合は開基であるから，$\mathscr{V}$ も開基となる (問 4.18 も参照)．$\mathscr{V}$ は可算集合である (例 2.11(4) および問 2.13 を参照) から，第2可算公理を満たす．さらに，定理 4.16 より第1可算公理も満たし，可分である．

**定理 4.17.** 距離位相をもつ可分な位相空間は第2可算公理を満たす．

**証明.** 上で注意したように，距離位相は第1可算公理を満たす．$\mathscr{V}(x)$ を例 4.15(2) の基本近傍系，$A \subset X$ を稠密な部分集合とすると，$\mathscr{V} = \{\mathscr{V}(x) \mid x \in A\}$ は高々可算個の開基となり，結論を得る． $\square$

**注意 4.18.** 定理 4.16 と 4.17 から，距離空間では，可分であることと第2可算公理を満たすことは同値となる．

**問 4.20.** 例 3.2(1) の距離空間 $(\{0, 1\}^{\mathbb{N}}, d)$ が第2可算公理を満たすことを示せ．

命題 4.10 より直ちに次を得る．

**定理 4.19.** 同相な2つの位相空間 $(X_1, \mathscr{O}_1)$ と $(X_2, \mathscr{O}_2)$ に対して，$(X_1, \mathscr{O}_1)$ が第1可算公理 (または第2可算公理) を満たすならば，$(X_2, \mathscr{O}_2)$ も第1可算公理 (または第2可算公理) を満たす．また，$(X_1, \mathscr{O}_1)$ が可分ならば，$(X_2, \mathscr{O}_2)$ も可分である．

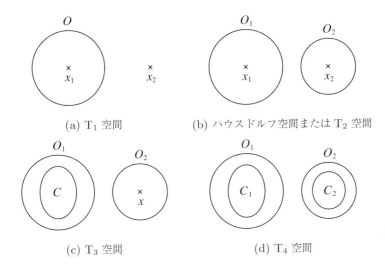

(a) T₁ 空間　　　　　　(b) ハウスドルフ空間または T₂ 空間

(c) T₃ 空間　　　　　　　　(d) T₄ 空間

**図 4.1: 分離公理**

定理 4.19 で述べられている第 1 可算公理や第 2 可算公理，可分などのように，位相空間の性質で，同相な位相空間が共有するものを**位相的性質**といい，それらは**位相不変**であるともいう．

## 4.4 分離公理

位相空間を考えるとき，点や閉集合が開集合により区別できるかどうかが重要な役割を果たす．例えば，距離空間 $(X, d)$ では，異なる 2 点 $x, y$ は，$2\varepsilon < d(x, y)$ を満たすように正数 $\varepsilon$ を選べば，交わらない 2 つの開近傍 $B(x; \varepsilon), B(y; \varepsilon)$ により分離できる．**分離公理**はこのような性質を特徴付けるものである．

$(X, \mathscr{O})$ を位相空間とする．任意の相異なる 2 点 $x_1, x_2 \in X$ に対して，$\mathscr{O}$-開集合 $O$ で $x_1 \in O$ かつ $x_2 \notin O$ を満たすものが存在するとき，$(X, \mathscr{O})$ を **T₁ 空間**といい，互いに交わらない $\mathscr{O}$-開集合 $O_1, O_2$ で $x_1 \in O_1$ かつ $x_2 \in O_2$ を満たすものが存在するとき，$(X, \mathscr{O})$ を**ハウスドルフ空間または T₂ 空間**という．位相 $\mathscr{O}$ は，前者の場合，**第 1 分離公理**を，後者の場合，**第 2 分離公理**あるいは**ハウスドルフの分離公理**を満足するという．また，任意の $\mathscr{O}$-閉集合 $C$ と点 $x \notin C$ に対して，互いに交わらない $\mathscr{O}$-開集合 $O_1, O_2$ で $C \subset O_1$ かつ $x \in O_2$

を満たすものが存在するとき，$(X, \mathscr{O})$ を $\mathrm{T}_3$ 空間といい，位相 $\mathscr{O}$ は**第 3 分離公理**を満足するという．さらに，互いに交わらない任意の $\mathscr{O}$-閉集合 $C_1, C_2$ に対して，互いに交わらない $\mathscr{O}$-開集合 $O_1, O_2$ で，$C_1 \subset O_1$ かつ $C_2 \subset O_2$ を満たすものが存在するとき，$(X, \mathscr{O})$ を $\mathrm{T}_4$ **空間**といい，位相 $\mathscr{O}$ は**第 4 分離公理**を満足するという．図 4.1 を参照せよ．定義より

$$\text{ハウスドルフ (}\mathrm{T}_2\text{) 空間} \Rightarrow \mathrm{T}_1 \text{ 空間}$$

が成り立つが，逆は一般に成り立たない

**例 4.17.** 本節の最初に述べたように，距離位相は第 2 分離公理を満足する．また，例 4.2(2) の密着位相は第 1 分離公理を満足しないが，例 4.2(1) の離散位相は第 1 から第 4 分離公理まですべてを満足する (例 4.4 を参照).

**例 4.18.** 例 4.3 の $\mathbb{C}$ のザリスキー位相は第 1 分離公理を満足する．実際，空でない開集合は全体集合 $\mathbb{C}$ から有限個の点を取り除いた集合であり，任意の異なる $x_1, x_2 \in \mathbb{C}$ に対して，$O = \mathbb{C} - \{x_2\}$ とすれば，$O$ は開集合で，$x_1 \in O$ かつ $x_2 \notin O$ が成り立つ．しかし，空でない任意の開集合 $O_1$ と $O_2$ に対しては，$O_1 \cap O_2$ も $\mathbb{C}$ から有限個の点を取り除いた集合となり，空ではないから，ハウスドルフの分離公理は成り立たない．

**例 4.19.** 1 次元ユークリッド空間 $\mathbb{R}$ に対して，通常の位相の場合と異なり，点 $x \in \mathbb{R}$ の基本近傍系 $\mathscr{V}(x)$ の元を次のように取る．点 $x \neq 0$ に対しては $x$ を含む任意の開区間，$x = 0$ に対しては $a < x < b$ として開区間 $(a, b)$ から可算無限個の点 $1/n$ $(n \in \mathbb{N})$ を除いた集合とする．定理 4.14 により，$\mathscr{V} = \bigcup\{\mathscr{V}(x) \mid x \in \mathbb{R}\}$ は $\mathbb{R}$ はある位相 $\mathscr{O}$ の開基を与える．特に，通常の位相の場合と異なり，$C = \{1/n \mid n \in \mathbb{N}\}$ は閉集合となる．位相空間 $(\mathbb{R}, \mathscr{O})$ はハウスドルフの分離公理を満たすが，点 $x = 0$ と閉集合 $C$ を互いに交わらない開近傍で分離できないので，第 3 分離公理を満足しない．

**問 4.21.** 例 4.2(3) の二点空間は $\mathrm{T}_1$ 空間か.

命題 4.10 より直ちに次を得る．このように，分離公理も位相的性質である．

**定理 4.20.** 同相な 2 つの位相空間 $(X_1, \mathscr{O}_1)$ と $(X_2, \mathscr{O}_2)$ に対して，$(X_1, \mathscr{O}_1)$ が第 1 から第 4 分離公理をそれぞれ満たすならば，$(X_2, \mathscr{O}_2)$ も第 1 から第 4 分離公理をそれぞれ満たす．

次に，$T_1$ 分離公理を満たすための必要十分条件を与える．

**定理 4.21.** 位相空間 $(X, \mathscr{O})$ に対して次の 3 つの条件は同値である．

**(1)** $(X, \mathscr{O})$ は $T_1$ 空間である．

**(2)** 任意の点 $x \in X$ に対して $\{x\} = \bigcap \{O \in \mathscr{O} \mid x \in O\}$ が成り立つ．

**(3)** 任意の点 $x \in X$ に対して $\{x\}$ は閉集合となる．

**証明.** まず，$x \in \bigcap \{O \in \mathscr{O} \mid x \in O\}$ であることに注意する．(1) と (2) が同値であることを示す．(1) が成り立つとき，任意の相異なる 2 点 $x, y \in X$ に対して $x \in O$ かつ $y \notin O$ を満たす $O \in \mathscr{O}$ が存在するから，

$$y \notin \bigcap \{O \in \mathscr{O} \mid x \in O\} \tag{4.7}$$

となり，(2) を得る．一方，(2) が成り立つとき，任意の相異なる 2 点 $x, y \in X$ に対して式 (4.7) が成り立つから，$x \in O$ かつ $y \notin O$ を満たす $O \in \mathscr{O}$ が存在し，(1) を得る．

次に，(1) と (3) が同値であることを示す．(1) が成り立つとき，任意の $y \neq x$ に対して，$y \in O$ かつ $x \notin O$ を満たす $O \in \mathscr{O}$ が存在し，$\{x\} \cap O = \emptyset$ であるから，命題 4.4 より $y \notin \overline{\{x\}}$ となり，$\overline{\{x\}} = \{x\}$，すなわち，(3) を得る．一方，(3) が成り立つとき，$X - \{x\} \in \mathscr{O}$ であり，また，任意の $y \neq x$ に対して $y \in X - \{x\}$ であるから，(1) を得る．　　□

定理 4.21 の条件 (3) の集合 $\{x\}$ のように，1 点のみを元とする集合を**一点集合**という．定理 4.21 より，ハウスドルフ空間においても一点集合は閉集合である．また，第 1 分離公理を満たす $T_3$ 空間と $T_4$ 空間を，それぞれ，**正則空間**と**正規空間**という．

**問 4.22.** 次を示せ．

(1) 正則空間はハウスドルフ空間である．

(2) 正規空間は正則空間であり，よって，ハウスドルフ空間である．

問 4.22 より，次が成り立つ．

$$正規空間 \Rightarrow 正則空間 \Rightarrow ハウスドルフ (T_2) 空間$$

この関係は，$T_1$ 空間に対しては，

$$T_4 空間 \Rightarrow T_3 空間 \Rightarrow ハウスドルフ (T_2) 空間$$

ということもできる. 一般に, 上の 2 つの関係の逆は成立しない. 残りの各分離公理を満たすための必要十分条件を与えよう.

**定理 4.22.** 位相空間 $(X, \mathscr{O})$ がハウスドルフ空間であるためには, $\mathscr{C}$ を $\mathscr{O}$-閉集合系として, 任意の点 $x \in X$ に対して

$$\{x\} = \bigcap \{C \in \mathscr{C} \mid x \in C^\circ\} \tag{4.8}$$

となることが必要十分である.

**証明.** まず, 明らかに $x \in \bigcap \{C \in \mathscr{C} \mid x \in C^\circ\}$ である. $(X, \mathscr{O})$ がハウスドルフ空間であると仮定する. このとき, 任意の相異なる 2 点 $x, y \in X$ に対して, $x \in O_1$, $y \in O_2$ かつ $O_1 \cap O_2 = \emptyset$ を満たす $O_1, O_2 \in \mathscr{O}$ が存在する. $O_2^c$ は閉集合で

$$x \in O_1 \subset O_2^c, \quad y \notin O_2^c$$

となるから

$$y \notin \bigcap \{C \in \mathscr{C} \mid x \in C^\circ\} \tag{4.9}$$

となり, 式 (4.8) が成り立つ.

次に, 任意の点 $x \in X$ に対して式 (4.8) が成り立つと仮定する. 任意の $y \neq x$ に対して式 (4.9) が成り立つから, $x \in C^\circ$ かつ $y \notin C$ を満たす $C \in \mathscr{C}$ が存在する. よって, $(X, \mathscr{O})$ はハウスドルフ空間である. $\qquad \square$

**定理 4.23.** 位相空間 $(X, \mathscr{O})$ が $T_3$ 空間であるためには, $x \in O$ を満たす任意の点 $x \in X$ と $\mathscr{O}$-開集合 $O$ に対して, $U \in \mathscr{O}$ が存在し,

$$x \in U \subset \bar{U} \subset O \tag{4.10}$$

が成り立つことが必要十分である.

**証明.** $(X, \mathscr{O})$ が $T_3$ 空間であると仮定し, $x \in O \in \mathscr{O}$ とする. このとき, $O^c$ は閉集合で $x \notin O^c$ を満たすから, $U, V \in \mathscr{O}$ が存在して $x \in U$, $O^c \subset V$ かつ $U \cap V = \emptyset$ となる. 2 番目の条件から $V^c \subset O$ であり, また, 最後の条件から $U \subset V^c$ であり, $V^c$ は閉集合であるから $\bar{U} \subset V^c$ となる. よって, 式 (4.10) が成り立つ.

次に, $x \in O$ を満たす任意の $x \in X$ と $O \in \mathscr{O}$ に対して, $U \in \mathscr{O}$ が存在し, 式 (4.10) が成り立つと仮定する. このとき, $x \notin C$ を満たす任意の閉集合 $C$

に対して，$x \in C^c \in \mathscr{O}$ となるから，$U \in \mathscr{O}$ が存在し，

$$x \in U \subset \bar{U} \subset C^c$$

となる．さらに，$V = \bar{U}^c \in \mathscr{O}$ は $V \supset C$ かつ $U \cap V = \emptyset$ を満たすから，$(X, \mathscr{O})$ は $\mathrm{T}_3$ 空間である． □

**定理 4.24.** 位相空間 $(X, \mathscr{O})$ が $\mathrm{T}_4$ 空間であるためには，$C \subset O$ を満たす任意の $\mathscr{O}$-閉集合 $C$ と $\mathscr{O}$-開集合 $O$ に対して，$U \in \mathscr{O}$ が存在して

$$C \subset U \subset \bar{U} \subset O \tag{4.11}$$

が成り立つことが必要十分である．

**証明.** $(X, \mathscr{O})$ が $\mathrm{T}_4$ 空間であると仮定し，$C$ と $O$ は，それぞれ，閉集合と開集合で $C \subset O$ を満たすものとする．このとき，$O^c$ は閉集合で $C \cap O^c = \emptyset$ を満たすから，$U, V \in \mathscr{O}$ が存在して $C \subset U$，$O^c \subset V$ かつ $U \cap V = \emptyset$ となる．2 番目の条件から $V^c \subset O$ であり，また，最後の条件から $U \subset V^c$ であり，$V^c$ が閉集合であることから $\bar{U} \subset V^c$ となる．よって，式 (4.11) が成り立つ．

次に，$C \subset O$ を満たす任意の閉集合 $C$ と開集合 $O$ に対して，$U \in \mathscr{O}$ が存在し，式 (4.11) が成り立つと仮定する．このとき，$C_1 \cap C_2 = \emptyset$ を満たす任意の閉集合 $C_1, C_2$ に対して，$C_1 \subset C_2^c \in \mathscr{O}$ となるから，$U \in \mathscr{O}$ が存在し，

$$C_1 \subset U \subset \bar{U} \subset C_2^c$$

となる．さらに，$V = \bar{U}^c \in \mathscr{O}$ は $V \supset C_2$ かつ $U \cap V = \emptyset$ を満たすから，$(X, \mathscr{O})$ は $\mathrm{T}_4$ 空間である． □

さて，一般には，$\mathrm{T}_4$ 空間であっても $\mathrm{T}_3$ 空間ではなく，第 1 分離公理が満たされなければ，その逆も成立しないが，次のように，第 2 可算公理が満たされる場合は事情が異なる．

**定理 4.25.** 第 2 可算公理を満たす $\mathrm{T}_3$ 空間は $\mathrm{T}_4$ 空間である．よって，第 2 可算公理を満たす正則空間は正規空間である．

**証明.** $(X, \mathscr{O})$ を第 2 可算公理を満たす $\mathrm{T}_3$ 空間とし，$\mathscr{V}$ をその高々可算の開基，$C_1, C_2$ を閉集合で $C_1 \cap C_2 = \emptyset$ を満たすものとする．任意の $x \in C_1$ に対

して，$x \in C_2^c \in \mathcal{O}$ となるから，定理 4.23 により

$$x \in U \subset \bar{U} \subset C_2^c$$

を満たす開集合 $U$ が存在する．よって，$\mathcal{V}$ は開基だから，$x \in U_x \subset U$ を満たす $U_x \in \mathcal{V}$ が存在し，

$$x \in U_x \subset \bar{U}_x \subset C_2^c$$

が成り立つ．このようにして得られた $U_x$ の，すべての $x \in C_1$ についての和集合を取れば，

$$C_1 \subset \bigcup_{x \in C_1} U_x, \quad C_2 \subset \bar{U}_x^c$$

となる．$\mathcal{V}$ は高々可算であったから，これより，高々可算個の開集合 $U_j \in \mathcal{V}$ $(j = 1, 2, \ldots)$ が存在し，

$$C_1 \subset \bigcup_{j=1}^{\infty} U_j, \quad C_2 \subset \bar{U}_j^c$$

とできる．同様に，$C_2$ に対しても，高々可算個の開集合 $V_j \in \mathcal{V}$ $(j = 1, 2, \ldots)$ が存在し，次を満たすようにできる．

$$C_2 \subset \bigcup_{j=1}^{\infty} V_j, \quad C_1 \subset \bar{V}_j^c$$

　ここで，以下のように，集合列 $\{\hat{U}_j \mid j \in \mathbb{N}\}$ と $\{\hat{V}_j \mid j \in \mathbb{N}\}$ を $\{U_j \mid j \in \mathbb{N}\}$ と $\{V_j \mid j \in \mathbb{N}\}$ から帰納的に定める．$j = 1$ に対しては

$$\hat{U}_1 = U_1, \quad \hat{V}_1 = V_1$$

とし，$j \geqq 2$ に対しては

$$\hat{U}_j = U_j \cap \left( \bigcap_{k=1}^{j-1} \left( \bar{\hat{V}}_k \right)^c \right), \quad \hat{V}_j = V_j \cap \left( \bigcap_{k=1}^{j-1} \left( \bar{\hat{U}}_k \right)^c \right),$$

とする．このとき，$j, k = 1, 2, \ldots$ に対して

$$\hat{U}_j \cap C_1 = U_j \cap C_1, \quad \hat{V}_j \cap C_2 = V_j \cap C_2, \quad \hat{U}_j \cap \hat{V}_k = \emptyset$$

が成り立つから，

$$C_1 \subset \bigcup_{j=1}^{\infty} \hat{U}_j, \quad C_2 \subset \bigcup_{j=1}^{\infty} \hat{V}_j$$

かつ

$$\left(\bigcup_{j=1}^{\infty} \hat{U}_j\right) \cap \left(\bigcup_{j=1}^{\infty} \hat{V}_j\right) = \bigcup_{(j,k)\in\mathbb{N}\times\mathbb{N}} \hat{U}_j \cap \hat{V}_k = \emptyset$$

となる. $\displaystyle\bigcup_{j=1}^{\infty} \hat{U}_j$ と $\displaystyle\bigcup_{j=1}^{\infty} \hat{V}_j$ は開集合であるから, 定理の結論を得る. □

　最後に, 分離公理についての距離位相の際立った性質を与える.

**定理 4.26.** 距離位相はハウスドルフの分離公理を満足し, かつ第 3 および第 4 分離公理を満たす. したがって, 距離空間は正則かつ正規空間である.

**証明.** 距離空間 $(X, d)$ がハウスドルフの分離公理を満たすことは既に述べた. よって, 第 4 分離公理を満たせば, 第 3 分離公理も満たす (問 4.22(2) を参照) ので, 以下でこれを示す.

　互いに交わらない閉集合 $C_1, C_2$ に対して,

$$f_1(x) = \inf\{d(x, a_1) \mid a_1 \in C_1\}, \quad f_2(x) = \inf\{d(x, a_2) \mid a_2 \in C_2\}$$

とおき,

$$O_1 = \{x \in X \mid f_1(x) < f_2(x)\}, \quad O_2 = \{x \in X \mid f_1(x) > f_2(x)\}$$

とする. 問 3.11 と 4.11 より $f_1(x), f_2(x)$ と $f_1(x) - f_2(x)$ は連続であるから, 定理 4.8 (または, 定理 3.5) より $O_1, O_2$ は開集合となる. よって, $C_1 \subset O_1$, $C_2 \subset O_2$ かつ $O_1 \cap O_2 = \emptyset$ とでき, 第 4 分離公理が満たされる. □

## 4.5　直積空間と商空間

　直積集合と商集合への位相の導入を考える. 次の命題から始める.

**命題 4.27.** $X$ を集合, $(X', \mathscr{O}')$ を位相空間, $f : X \to X'$ を写像とする. このとき, 部分集合族

$$\mathscr{O}_0 = \{f^{-1}(O') \mid O' \in \mathscr{O}'\} \tag{4.12}$$

は $X$ の位相を与え, $f$ は $(X, \mathscr{O}_0)$ から $(X', \mathscr{O}')$ への連続写像となる. さらに, $\mathscr{O}_0$ は $f$ が連続となる $X$ の位相の中で最も弱い.

**証明.** まず, $X = f^{-1}(X')$, $\emptyset = f^{-1}(\emptyset)$ であるから, $X, \emptyset \in \mathscr{O}_0$ となり, $(\mathrm{O}_1)$ が成り立つ. また, 定理 2.5(3) と (4) より $(\mathrm{O}_2)$ と $(\mathrm{O}_3)$ も成り立つから,

$\mathscr{O}_0$ は $X$ の位相である．一方，任意の $O' \in \mathscr{O}'$ に対して $f^{-1}(O') \in \mathscr{O}_0$ となるから，定理 4.8 より $f$ は $(X, \mathscr{O})$ から $(X', \mathscr{O}')$ への連続写像である．さらに，$\mathscr{O}$ が $X$ の位相のとき，$f$ が $(X, \mathscr{O}_0)$ から $(X', \mathscr{O}')$ への連続写像となるならば，任意の $O' \in \mathscr{O}'$ に対して $f^{-1}(O') \in \mathscr{O}$ となるから $\mathscr{O} \supset \mathscr{O}_0$ を得る． $\square$

式 (4.12) で定義される $X$ の位相 $\mathscr{O}_0$ を，写像 $f : X \to X'$ により $(X', \mathscr{O}')$ から**誘導される位相**という．

**例 4.20.** 位相空間 $(X, \mathscr{O})$ において，$A$ を空でない $X$ の部分集合とする．集合 $A$ 上の $\mathscr{O}$ に関する相対位相 $\mathscr{O}_A$ は，包含写像 $i : A \to X$ により誘導される位相である．実際，$i^{-1}(O) = O \cap A$ であるから，$\mathscr{O}_A = \{i^{-1}(O) \mid O \in \mathscr{O}\}$ が成り立つ．

命題 4.27 を写像族の場合に一般化する．まず，次が成り立つ．

**命題 4.28.** 空でない集合 $X$ に対して，$\{\mathscr{O}_\lambda\}_{\lambda \in \Lambda}$ を，添字集合 $\Lambda$ の添字付き位相族とする．このとき，$\mathscr{O} = \bigcap_{\lambda \in \Lambda} \mathscr{O}_\lambda$ は $X$ の位相となる．また，位相 $\mathscr{O}$ はどの位相 $\mathscr{O}_\lambda$ よりも弱い．

**証明.** 各 $\lambda \in \Lambda$ に対して $\mathscr{O}_\lambda$ は $(\mathrm{O}_1)$-$(\mathrm{O}_3)$ を満たすから，$\bigcap_{\lambda \in \Lambda} \mathscr{O}_\lambda$ も満たす．よって，$\mathscr{O}$ は位相である．また，$\mathscr{O} \subset \mathscr{O}_\lambda$ であることも明らかである． $\square$

$\mathscr{A}$ を $X$ の部分集合族，すなわち，$\mathscr{A} \subset \mathscr{P}(X)$ とし，$\mathscr{T}$ を $X$ の位相全体の集合とする．命題 4.28 により，

$$\mathscr{O}(\mathscr{A}) = \bigcap \{\mathscr{O} \in \mathscr{T} \mid \mathscr{O} \supset \mathscr{A}\}$$

は $\mathscr{A}$ を含む $X$ の位相の中で最も弱い位相となる．位相 $\mathscr{O}(\mathscr{A})$ を集合族 $\mathscr{A}$ によって**生成される位相**という．明らかに，$\mathscr{O}(\mathscr{O}) = \mathscr{O}$ である．命題 4.27 は次のように一般化される．

**命題 4.29.** $X$ を集合，$\Lambda$ を添字集合とし，各 $\lambda \in \Lambda$ に対して，$(X'_\lambda, \mathscr{O}'_\lambda)_{\lambda \in \Lambda}$ を位相空間，$f_\lambda : X \to X'_\lambda$ を写像とする．さらに，

$$\mathscr{O}_\lambda = \{f_\lambda^{-1}(O') \mid O' \in \mathscr{O}'_\lambda\} \tag{4.13}$$

とおき，$\mathscr{O}(\mathscr{A})$ を $\mathscr{A} = \bigcup_{\lambda \in \Lambda} \mathscr{O}_\lambda$ により生成される位相とする．このとき，各 $\lambda \in \Lambda$ に対して，$f_\lambda$ は $(X, \mathscr{O}(\mathscr{A}))$ から $(X'_\lambda, \mathscr{O}'_\lambda)$ への連続写像となる．また，$\mathscr{O}(\mathscr{A})$ はすべての $\lambda$ に対して $f_\lambda$ が連続となる $X$ の位相の中で最も弱い．

**証明.** 命題 4.27 により, $\mathscr{O}$ が $X$ の位相のとき, $f_\lambda$ が $(X, \mathscr{O})$ から $(X'_\lambda, \mathscr{O}'_\lambda)$ への連続写像となるためには, 任意の $O' \in \mathscr{O}'_\lambda$ に対して $f_\lambda^{-1}(O') \in \mathscr{O}$, すなわち, $\mathscr{O}_\lambda \subset \mathscr{O}$ であることが必要十分である. よって, すべての $\lambda \in \Lambda$ に対してこれが成り立つためには $\mathscr{O} \supset \bigcup_{\lambda \in \Lambda} \mathscr{O}_\lambda = \mathscr{A}$ となることが必要十分であるから, 結論を得る. $\qquad\square$

命題 4.29 で与えられる位相 $\mathscr{O}(\mathscr{A})$ を写像族 $\{f_\lambda\}_{\lambda \in \Lambda}$ により $(X'_\lambda, \mathscr{O}'_\lambda)_{\lambda \in \Lambda}$ から $X$ に**誘導される位相**という. また, 次が成り立つ.

**命題 4.30.** $X$ を集合, $\Lambda$ を添字集合とし, 各 $\lambda \in \Lambda$ に対して, $(X_\lambda, \mathscr{O}_\lambda)_{\lambda \in \Lambda}$ を位相空間とする.

$$\mathscr{V} = \left\{ \bigcap_{j=1}^n O_{\lambda_j} \,\middle|\, n \in \mathbb{N},\ \lambda_j \in \Lambda,\ O_{\lambda_j} \in \mathscr{O}_{\lambda_j}\ (j=1,\ldots,n) \right\} \qquad (4.14)$$

を開基とする位相 $\mathscr{O}$ はすべての $\mathscr{O}_\lambda$ より強い位相の中で最も弱い.

**証明.** 任意の $\lambda \in \Lambda$ に対して, $O \in \mathscr{O}_\lambda$ ならば $O \in \mathscr{O}$ となるから, $\mathscr{O}$ は $\mathscr{O}_\lambda$ よりも強い位相である. 一方, $\mathscr{O}'$ がすべての $\mathscr{O}_\lambda$ よりも強い位相ならば, 任意の $n \in \mathbb{N}$, $\lambda_j \in \Lambda$ および $O_{\lambda_j} \in \mathscr{O}_{\lambda_j}$ $(j=1,\ldots,n)$ に対して $\bigcap_{j=1}^n O_{\lambda_j} \in \mathscr{O}'$ となるから, $\mathscr{O}' \supset \mathscr{O}$ であり, 結論を得る. $\qquad\square$

**注意 4.31.** 命題 4.30 より, $\mathscr{O}_\lambda$ を式 (4.13) に取れば, 式 (4.14) が命題 4.29 の $\mathscr{O}(\mathscr{A})$ の開基を与える.

さて, $(X_\lambda, \mathscr{O}_\lambda)_{\lambda \in \Lambda}$ を, 添字集合 $\Lambda$ の添字付き位相空間族とし, $X = \prod_{\lambda \in \Lambda} X_\lambda$ を集合族 $\{X_\lambda\}_{\lambda \in \Lambda}$ の直積, $p_\lambda : X \to X_\lambda$ を射影とする. さらに, 写像族 $\{p_\lambda\}_{\lambda \in \Lambda}$ により $(X_\lambda, \mathscr{O}_\lambda)_{\lambda \in \Lambda}$ から $X$ に誘導される位相を $\mathscr{O}$ とする. このとき, 位相空間 $(X, \mathscr{O})$ を $(X_\lambda, \mathscr{O}_\lambda)_{\lambda \in \Lambda}$ の**直積空間**といい,

$$(X, \mathscr{O}) = \prod_{\lambda \in \Lambda} (X_\lambda, \mathscr{O}_\lambda)$$

と書く. 定義より, 射影 $p_\lambda : X \to X_\lambda$ は連続である. また, 位相 $\mathscr{O}$ を**直積位相**といい, 各位相空間 $(X_\lambda, \mathscr{O}_\lambda)$ を**因子空間**という. 命題 4.29 と 4.30 とから, 式 (4.14) において

$$\mathscr{O}_\lambda = \{p_\lambda^{-1}(O) \mid O \in \mathscr{O}_\lambda\} \qquad (4.15)$$

とおいたものが直積位相 $\mathscr{O}$ の開基 $\mathscr{V}$ を与える.

**例 4.21.** $(X_j, \mathscr{O}_j)$ $(j = 1, 2)$ を位相空間とする. 直積空間 $(X, \mathscr{O}) = (X_1, \mathscr{O}_1) \times (X_2, \mathscr{O}_2)$ において,

$$\mathscr{V} = \{p_1^{-1}(O_1) \cap p_2^{-1}(O_2) \mid O_j \in \mathscr{O}_j \ (j = 1, 2)\}$$

が開基となる. ここで, $p_j : X \to X_j$ $(j = 1, 2)$ は射影である.

**問 4.23.** $n \in \mathbb{N}$ として, 3.4 節で定義した直積距離空間 $\left(\prod_{j=1}^{n} X_j, d\right)$ が距離空間 $(X_j, d_j)$ $(j = 1, \dots, n)$ の直積空間であることを確認せよ.

**問 4.24.** 添字集合 $\Lambda$ の添字付き位相空間族 $(X_\lambda, \mathscr{O}_\lambda)_{\lambda \in \Lambda}$ について, 射影 $p_\lambda : \prod_{\lambda \in \Lambda} X_\lambda \to X_\lambda$ が開写像であることを示せ.

**問 4.25.** $\Lambda$ を添字集合として, 直積空間 $\prod_{\lambda \in \Lambda}(X_\lambda, \mathscr{O}_\lambda)$ がハウスドルフ空間となるためには, 各因子空間 $(X_\lambda, \mathscr{O}_\lambda)$ がハウスドルフ空間となることが必要十分であることを示せ.

$(X, \mathscr{O})$ を位相空間とし, 集合 $X$ 上に同値関係 $\sim$ が与えられているものとする. $X$ から商集合 $X/\sim$ への標準射影を $\pi : X \to X/\sim$ とすると,

$$\mathscr{O}_\sim = \{O' \in \mathscr{P}(X/\sim) \mid \pi^{-1}(O') \in \mathscr{O}\}$$

は $X/\sim$ の位相を与える. 位相 $\mathscr{O}_\sim$ を同値関係 $\sim$ による**商位相**, 位相空間 $(X/\sim, \mathscr{O}_\sim)$ を**商空間**という. このとき, 標準射影 $\pi$ は連続写像であり, $\mathscr{O}_\sim$ は $\pi$ が連続となる商集合 $X/\sim$ の位相の中で最も強い.

**例 4.22.** 問 2.17 の $\mathbb{R}$ 上の同値関係 $\sim$ を考える. $a, b$ を $\mathbb{R}/\sim$ の代表として $(a, b)$ の形の開区間全体が $\mathscr{O}_\sim$ の開基を与える. また, $\mathbb{R}/\sim$ と円周 $\mathbb{S}^1$ は同相で, $\mathbb{R}/\sim$ の代表を $x \in [0, 1)$ にして

$$f(x) = (\cos 2\pi x, \sin 2\pi x)$$

により定められる写像 $f : (\mathbb{R}/\sim) \to \mathbb{S}^1$ が同相写像となる (例 2.22 も参照).

**問 4.26.** 標準射影 $\pi$ が連続となる $X/\sim$ の位相の中で, 商位相 $\mathscr{O}_\sim$ が最も強いものであることを示せ.

## 4.6　距離付け可能性

定理 4.26 で距離空間は正規空間であることをみた. 本節では, ある意味その逆が成立し, 第 2 可算公理を満たす場合には, 正規空間であれば距離付け可能であることを示す. まず, 次の準備的な結果を与える.

**定理 4.32** ( ウリゾーンの補題). 正規空間 $(X, \mathscr{O})$ において, 互いに交わらない $\mathscr{O}$-閉集合 $C_0, C_1$ に対して, 次の条件を満たす $X$ 上の実連続関数 $f : X \to \mathbb{R}$ が存在する.

$$f(X) \subset [0,1], \quad f(C_0) = \{0\}, \quad f(C_1) = \{1\} \tag{4.16}$$

**証明.** $A = \{m/2^n \mid n \in \mathbb{N}, m \in \mathbb{Z} \cap [0, 2^n]\} \subset \mathbb{Q} \cap [0,1]$ とし, $r \in A$ に対して開集合 $U(r)$ を以下のように定める.

まず, $U(1) = C_1^c = X - C_1$ とし, $U(0)$ を

$$C_0 \subset U(0) \subset \overline{U(0)} \subset U(1)$$

となるように取る. $C_0 \subset C_1^c = U(1)$ であるから, このような $U(0)$ の存在は定理 4.24 により保証される. いま, ある整数 $n \geqq 0$ に対して, $U(m/2^n)$ $(m = 0, 1, \ldots, 2^n)$ が定められ,

$$\overline{U\left(\frac{m}{2^n}\right)} \subset U\left(\frac{m+1}{2^n}\right)$$

が成り立っているものとする. このとき, 再び定理 4.24 により, $m = 0, 1, \ldots, 2^{n-1}$ に対して, $U((2m+1)/2^{n+1})$ を

$$\overline{U\left(\frac{m}{2^n}\right)} \subset U\left(\frac{2m+1}{2^{n+1}}\right) \subset \overline{U\left(\frac{2m+1}{2^{n+1}}\right)} \subset U\left(\frac{m+1}{2^n}\right)$$

となるように取る. このようにして, すべての $r \in A$ に対して $U(r)$ を定めれば, $r < r'$ ならば $\overline{U(r)} \subset U(r')$ となる.

ここで, 関数 $f : X \to \mathbb{R}$ を次のように定義する.

- $x \in C_1 = U(1)^c$ に対しては $f(x) = 1$
- $x \in U(1)$ に対しては $f(x) = \inf\{r \mid r \in A, x \in U(r)\}$

明らかに, $f$ は式 (4.16) を満たすので, 以下で $f$ が連続であることを示して定理の証明を終える.

まず, 任意の $r \in A$ に対して定義より次が成り立つ.

(1) $x \in U(r)$ ならば $f(x) \leqq r$ である.

(2) $f(x) < r$ ならば $x \in U(r)$ である.

(3) $x \notin \overline{U(r)}$ ならば $f(x) \geqq r$ である.

(4) $f(x) > r$ ならば $x \notin \overline{U(r)}$ である.

(1) は定義から直ちに, (2) は $f(x) < r$ ならば $x \in U(r')$ なる $r' < r$ が存在することから, (3) は $x \notin \overline{U(r)}$ ならば $x \notin U(r)$ であるから (2) より導かれる. また, (4) については, $f(x) > r$ ならば, $f(x) > r' > r$ なる $r'$ に対して (1) より $x \notin U(r')$ となるから, $x \notin \overline{U(r)}$ が成り立つ.

さて, $\varepsilon$ を任意の正数とし, 点 $x \in X$ において $0 < f(x) < 1$ とする. このとき, ある $r, r' \in A$ に対して

$$f(x) - \varepsilon < r < f(x) < r' < f(x) + \varepsilon$$

となる. 開集合 $V = U(r') - \overline{U(r)}$ は (2) と (4) により $x$ を含むので, $x$ の開近傍となる. さらに, (1) と (3) により $f(V) \subset [r, r']$ となる. よって, $y \in V$ ならば, $|f(x) - f(y)| < \varepsilon$ となる. また, $f(x) = 1$ のときは $0 < r < \varepsilon$ を満たす $r \in A$ を取って $V = \overline{U(r)}^c$ とし, $f(x) = 0$ のときは $1 - \varepsilon < r < 1$ を満たす $r \in A$ を取って $V = U(r)$ とおけば, 各々の場合において $V$ は $x$ の開近傍となり, $y \in V$ ならば $|f(x) - f(y)| < \varepsilon$ となる. したがって, $f$ は連続である. □

**定理 4.33** (ウリゾーンの距離付け定理). 第 2 可算公理を満足する正規空間は距離付け可能である.

**証明.** $(X, \mathscr{O})$ を第 2 可算公理を満足する正規空間とし, $\mathscr{V}$ を高々可算個の開集合から成る開基とする.

$$\mathscr{W} = \{(U, V) \in \mathscr{V} \times \mathscr{V} \mid \overline{U} \subset V\}$$

とおく. $\mathscr{V}$ が可算集合であるから, 問 2.13 により $\mathscr{W}$ も可算集合である. よって, $\overline{U}_n \subset V_n$ となる高々可算個の $(U_n, V_n) \in \mathscr{V} \times \mathscr{V}$ $(n \in \mathbb{N})$ により, $\mathscr{W} = \{(U_n, V_n) \mid n \in \mathbb{N}\}$ と表せる. 各 $n \in \mathbb{N}$ に対して, $\overline{U}_n, V_n^c$ は閉集合かつ $\overline{U}_n \cap V_n^c = \emptyset$ であるから, 定理 4.32 により, 次を満たす連続写像 $f_n : X \to \mathbb{R}$

が存在する.

$$f_n(X) \subset [0,1], \quad f_n(\overline{U}_n) = \{0\}, \quad f_n(V_n^c) = \{1\}$$

そこで, 直積 $X \times X$ 上の実数値関数 $d : X \times X \to \mathbb{R}$ を, 任意の $x, y \in X$ に対して次のように定める.

$$d(x,y) = \sum_{n=1}^{\infty} \frac{|f_n(x) - f_n(y)|}{2^n}$$

上式の右辺は上に有界な単調増加列の極限となるので, 補題 3.8 によりつねに収束し, $0 \leqq d(x,y) \leqq 1$ を満たす. また, 明らかに, $x = y$ のとき $d(x,y) = 0$ であり, $(D_2)$ と $(D_3)$ が成り立つ. さらに, $x \neq y$ のとき $d(x,y) > 0$ となる. 実際, 問 4.22(2) により, $(X, \mathcal{O})$ は正則空間であるから, $x \in U_n$ かつ $y \in V_n^c$ を満たす $(U_n, V_n)$ が存在し, $d(x,y) \geqq 2^{-n} > 0$ となる. このように, $d$ は $X$ 上の距離関数となる. $d$ によって定まる距離位相を $\mathcal{O}_d$ とする. 以下で $\mathcal{O} = \mathcal{O}_d$ であることを示して, 証明を終える.

まず, $\mathcal{O} \subset \mathcal{O}_d$ を示す. $O \in \mathcal{O}$ かつ $x \in O$ とすると, $x \in U_n$ および $V_n^c \subset O$ を満たす $(U_n, V_n) \in \mathcal{W}$ が存在する. 距離空間 $(X, d)$ において, $y \in B(x; 2^{-n})$ とすると, $d(x,y) < 2^{-n}$ であるから, $|f_n(x) - f_n(y)| < 1$ となる. さらに, $x \in U_n$ より $f_n(x) = 0$ であるから, $|f_n(y)| < 1$ となり, $y \in V_n$ が成り立つ. よって, $B(x; 2^{-n}) \subset V_n \subset O$ であり, $O$ の各点が距離空間 $(X, d)$ における内点となるから, $\mathcal{O} \subset \mathcal{O}_d$ を得る.

次に, $\mathcal{O}_d \subset \mathcal{O}$ を示す. 任意の正数 $\varepsilon$ に対して $k \in \mathbb{N}$ を

$$\sum_{n=k+1}^{\infty} 2^{-n} = 2^{-k} < \frac{\varepsilon}{2} \quad \text{すなわち} \quad k > 1 - \frac{\log \varepsilon}{\log 2}$$

を満たすように選び, 各 $n \in \mathbb{N}$ に対して, 集合

$$W_n(x) = \{y \in X \mid |f_n(x) - f_n(y)| < 2^{n-1}\varepsilon/k\}$$

を定める．$W(x) = \bigcap_{n=1}^{k} W_n(x)$ とすると，$y \in W(x)$ ならば，

$$d(x,y) = \sum_{n=1}^{k} \frac{|f_n(x) - f_n(y)|}{2^n} + \sum_{n=k+1}^{\infty} \frac{|f_n(x) - f_n(y)|}{2^n}$$

$$< k \cdot \frac{\varepsilon}{2k} + \frac{\varepsilon}{2} = \varepsilon$$

となり，$W(x) \subset B(x;\varepsilon)$ が成り立つ．一方，$(X, \mathscr{O})$ において $f_n$ は連続であるから，$W_n(x) \in \mathscr{O}$ となる．よって，$W(x) \in \mathscr{O}$ となるから，距離空間 $(X, d)$ における点 $x$ の $\varepsilon$-近傍 $B(x;\varepsilon)$ は $(X, \mathscr{O})$ における $x$ の近傍である．したがって，$\mathscr{O}_d \subset \mathscr{O}$ を得る．　　　　　　　　　□

**注意 4.34.** 第2可算公理を満たす正則空間は，定理 4.25 により正規空間でもあるから，定理 4.33 により距離付け可能となる．

## 4.7　連結性

位相空間 $(X, \mathscr{O})$ において，空集合 $\emptyset$ と $X$ はつねに開集合かつ閉集合であったが，この2つ以外に開集合かつ閉集合である $X$ の部分集合が存在しないとき，$(X, \mathscr{O})$ は**連結**であるという．また，部分集合 $A \subset X$ について，部分空間 $(A, \mathscr{O}_A)$ が連結であるとき，$A$ は**連結**であるという．

**命題 4.35.** 1次元ユークリッド空間 $\mathbb{R}$ において，部分集合 $A \subset \mathbb{R}$ が連結となるのは，

$$A = (a,b), (a,b], [a,b), [a,b] \quad (-\infty \leqq a \leqq b \leqq \infty) \tag{4.17}$$

となる場合に限る．ここで，$-\infty < a = b < \infty$ のとき，$A$ は一点集合 $\{a\}$ または空集合を表す．特に，$\mathbb{R}$ は連結である．

**証明.** $A = \emptyset, \{a\}$ の場合は明らかに連結であるから，それ以外の場合を考える．$A$ を空でない連結部分集合とし，定理 2.10 により，

$$a = \inf A, \quad b = \sup A$$

とおき，$a \neq b$ と仮定する．ここで，$A$ が下あるいは上に有界でない場合は $a = -\infty$ あるいは $b = \infty$ とする．このとき，任意の $c \in (a,b)$ は $A$ に含ま

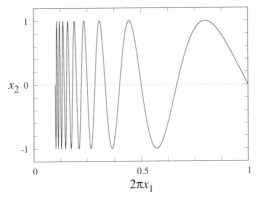

図 4.2: $x_2 = \sin(1/x_1)$ のグラフ

れる. 実際, $c \notin A$ ならば, $\mathbb{R}$ において $(-\infty, c)$ と $(c, \infty)$ は開集合であり, $(-\infty, c]$ と $[c, \infty)$ は閉集合であるから

$$A_- = A \cap (-\infty, c) = A \cap (-\infty, c], \quad A_+ = A \cap (c, \infty) = A \cap [c, \infty)$$

は部分空間 $(A, \mathscr{O}_A)$ において開集合かつ閉集合となる. よって, $A$ が連結であることに矛盾するから $c \in A$ となる. したがって, $(a, b) \subset A$ であり, 連結集合 $A$ は式 (4.17) で与えられるものに限る. $\square$

**例 4.23.** 1 次元ユークリッド空間 $\mathbb{R}$ において, $\mathbb{N}, \mathbb{Z}, \mathbb{Q}$ は連結ではない.

**例 4.24.** 2 次元ユークリッド空間 $\mathbb{R}^2$ において, 集合 $A = \{(x_1, x_2) \mid x_2 = \sin(1/x_1), x_1 > 0\}$ とおく (図 4.2 を参照). 部分空間 $A$ は, 1 次元ユークリッド空間 $\mathbb{R}$ の部分空間 $(0, \infty)$ と同相であるから命題 4.10 により連結である. (後出の定理 4.41 を参照). また, その閉包 $\overline{A} = A \cup \{(0, 0)\}$ も連結である.

**問 4.27.** 例 4.3 のザリスキー位相において, 任意の無限集合 $A \subset \mathbb{C}$ は連結であることを示せ. また, 有限集合 $A \neq \emptyset$ は, 一点集合の場合を除いて連結でないことを示せ.

**定理 4.36.** 2 つの位相空間 $(X_1, \mathscr{O}_1)$ と $(X_2, \mathscr{O}_2)$ において, $f : X_1 \to X_2$ を連続写像, $A$ を $X_1$ の連結な部分集合とする. このとき, $f(A)$ も $X_2$ の連結な部分集合となる.

**証明.** $A_2 = f(A)$ とし，部分集合 $B \subset A_2$ が $(X_2, \mathscr{O}_2)$ の部分空間 $(A_2, \mathscr{O}_{A_2})$ において開集合かつ閉集合であるものと仮定する．このとき，$O$ と $C$ を，それぞれ，ある $\mathscr{O}_2$-開集合と $\mathscr{O}_2$-閉集合として

$$B = O \cap A_2 = C \cap A_2$$

と表すことができる．よって，定理 2.2(4) により

$$f^{-1}(B) = f^{-1}(O) \cap A = f^{-1}(C) \cap A$$

であり，また，定理 4.8 により $f^{-1}(O)$ と $f^{-1}(C)$ は，それぞれ，$\mathscr{O}_1$-開集合と $\mathscr{O}_1$-閉集合であるから，$f^{-1}(B)$ は $(X_1, \mathscr{O}_1)$ の部分空間 $(A, \mathscr{O}_A)$ において開集合かつ閉集合となる．したがって，$A$ が連結より，$f^{-1}(B) = \emptyset$ または $f^{-1}(B) = A$，すなわち，$B = \emptyset$ または $B = A_2$ となるから，$A_2$ は連結である．  □

**問 4.28.** 連結な位相空間 $(X, \mathscr{O})$ において定義された実連続関数 $f : X \to \mathbb{R}$ に対して，2 点 $x_1, x_2 \in X$ において

$$f(x_1) = \alpha, \quad f(x_2) = \beta, \quad \alpha < \beta$$

であるとするとき，任意の $\gamma \in (\alpha, \beta)$ に対して $f(x) = \gamma$ となる点 $x \in X$ が存在することを示せ．

**定理 4.37.** 位相空間 $(X, \mathscr{O})$ において，$A, B$ は $X$ の部分集合で

$$A \subset B \subset \bar{A}$$

を満たすものとする．このとき，$A$ が連結ならば，$B$ も連結である．

**証明.** 位相空間 $(X, \mathscr{O})$ の部分空間 $(B, \mathscr{O}_B)$ において，部分集合 $B' \subset B$ が開集合かつ閉集合であるものと仮定する．このとき，$O$ と $C$ を，それぞれ，ある $\mathscr{O}$-開集合と $\mathscr{O}$-閉集合として

$$B' = O \cap B = C \cap B$$

と表すことができる．$A \subset B$ より

$$B' \cap A = O \cap A = C \cap A$$

となるから，$B' \cap A$ は部分空間 $(A, \mathcal{O}_A)$ において開集合かつ閉集合である．よって，$A$ は連結だから，$B' \cap A = \emptyset$ または $B' \cap A = A$ となる．

$B' \cap A = \emptyset$ の場合，$O \cap A = \emptyset$ であり，問 4.6 とから

$$B' = O \cap B \subset O \cap \overline{A} = \emptyset$$

となる．一方，$B' \cap A = A$ の場合，$C \cap A = A$，すなわち，$C \supset A$ であるから $C \supset \overline{A} \supset B$ となり，$B' = C \cap B = B$ が成り立つ．したがって，$B' = \emptyset$ または $B' = B$ となるから，$B$ は連結である． □

**定理 4.38.** 位相空間 $(X, \mathcal{O})$ における添字集合 $\Lambda$ の添字付き部分集合族 $\mathscr{A} = \{A_\lambda\}_{\lambda \in \Lambda}$ について，各 $\lambda \in \Lambda$ に対して $A_\lambda$ は連結で，任意の $\lambda, \lambda' \in \Lambda$ に対して $A_\lambda \cap A_{\lambda'} \neq \emptyset$ とする．このとき，和集合 $A = \bigcup \mathscr{A}$ も連結である．

**証明.** 定理 4.37 の証明と同様に，$(X, \mathcal{O})$ の部分空間 $(A, \mathcal{O}_A)$ において，部分集合 $B \subset A$ が開集合かつ閉集合であるものと仮定し，$O$ と $C$ を，それぞれ，ある $\mathcal{O}$-開集合と $\mathcal{O}$-閉集合として

$$B = O \cap A = C \cap A$$

と表す．このとき，任意の $\lambda \in \Lambda$ に対して，

$$B \cap A_\lambda = O \cap A_\lambda = C \cap A_\lambda$$

であり，$A_\lambda$ は連結だから，$B \cap A_\lambda = \emptyset$ または

$$B \cap A_\lambda = A_\lambda \tag{4.18}$$

となる．すべての $\lambda \in \Lambda$ に対して $B \cap A_\lambda = \emptyset$ ならば，

$$B = \bigcup_{\lambda \in \Lambda} (B \cap A_\lambda) = \emptyset$$

となる．一方，ある $\lambda \in \Lambda$ に対して式 (4.18) が成り立つとすると，別のある $\lambda' \in \Lambda$ に対して $B \cap A_{\lambda'} = \emptyset$ ならば，

$$A_\lambda \cap A_{\lambda'} = B \cap A_\lambda \cap A_{\lambda'} = \emptyset$$

となり矛盾するから，任意の $\lambda \in \Lambda$ に対して式 (4.18) が成り立つ．よって，

$$B = \bigcup_{\lambda \in \Lambda} (B \cap A_\lambda) = \bigcup_{\lambda \in \Lambda} A_\lambda = A$$

を得る. このように, $A$ は連結である.                                   □

位相空間 $(X, \mathscr{O})$ において, 2 点 $x, y \in X$ に対して, 両者を含む連結部分集合が存在するとき, $x \sim y$ と書くことにすれば, 関係 $\sim$ は同値関係となる. 実際, 明らかに反射律と対称律を満たす. さらに, $x \sim y$, $y \sim z$ とすると, $x, y \in A_1$, $y, z \in A_2$ となる連結部分集合 $A_1, A_2$ が存在し, $y \in A_1 \cap A_2$ であるから, 定理 4.38 により $A_1 \cup A_2$ は連結で, また $x, z$ を含むから $x \sim z$ となり, 推移律も満たす. 同値関係 $\sim$ による同値類を $(X, \mathscr{O})$ の**連結成分**という.

**定理 4.39.** 位相空間 $(X, \mathscr{O})$ において, 点 $x$ を含む連結成分を $C(x)$ とすると, $C(x)$ は $x$ を含む最大の連結部分集合である. また, $C(x)$ は**閉集合**である.

**証明.** 点 $x$ を含むすべての連結部分集合の和を $A$ とする. 定理 4.38 により $A$ も連結である. $y \in C(x)$ ならば, $x, y$ を含む連結集合 $A' \subset A$ が存在し, $y \in A$ となる. 逆に, $y \in A$ ならば, $y \in C(x)$ である. よって, $C(x) = A$ となり, 定理の前半を得る.

一方, $C(x)$ は連結であるから, 定理 4.37 により $\overline{C(x)}$ も連結である. 定理の前半により $C(x)$ は最大の連結部分集合であるから, $C(x) = \overline{C(x)}$ となり, 定理の後半を得る.                                   □

**例 4.25.** $X = \{x \in \mathbb{R} \mid x^2 - 1 > 0\}$ に対する 1 次元ユークリッド空間 $\mathbb{R}$ の部分空間において, 連結成分は $C(-2) = (-\infty, -1)$ と $C(2) = (1, \infty)$ である.

**問 4.29.** $X = \{(x_1, x_2) \in \mathbb{R}^2 \mid \cos(x_1^2 + x_2^2) = 0\}$ に対する, 2 次元ユークリッド空間 $(\mathbb{R}^2, d^2)$ の部分空間において, すべての連結成分を求めよ.

例 4.2(1) の離散空間 $(X, \mathscr{P}(X))$ において, 一点集合は開集合かつ閉集合であるから, 点 $x \in X$ を含む連結成分は $C(x) = \{x\}$ となる. このように, 各点の連結成分がすべて一点集合である位相空間を**完全不連結**であるという.

**例 4.26.** 例 3.15 の距離空間 $(\mathbb{Q}, d_{\mathbb{Q}}^1)$ は完全不連結である. 実際, 部分集合 $A \subset \mathbb{Q}$ が $x < y$ を満たす 2 つの元 $x, y \in \mathbb{Q}$ を含むとすると, $x < a < y$ を満たす $a \in \mathbb{R} - \mathbb{Q}$ が存在し, $B = \{z \in A \mid z < a\}$ とおけば, $B$ は $(\mathbb{Q}, d_{\mathbb{Q}}^1)$ の部分空間 $(A, d_A^1)$ において開集合かつ閉集合となる. よって, $A$ は連結集合ではないから, 各点 $x \in \mathbb{Q}$ の連結成分は $C(x) = \{x\}$ となる.

**問 4.30.** 例 3.9 のカントール集合 $I_c$ に対して，例 4.10 の距離空間 $(I_c, d_{I_c})$ が完全不連結であることを示せ．

位相空間 $(X, \mathscr{O})$ において，$f$ を (1 次元ユークリッド空間の部分空間とした) 閉区間 $[0,1] \subset \mathbb{R}$ から $X$ への連続写像とする．$f$ による像 $A = f([0,1])$ を**弧**という．また，点 $a = f(0)$ を弧 $A$ の**始点**，点 $b = f(1)$ を**終点**といい，弧 $A$ は点 $a$ と点 $b$ を**結ぶ**という．さらに，$X$ の任意の 2 点を弧によって結ぶことができるとき，$(X, \mathscr{O})$ は**弧状連結**であるという．また，対応する部分空間が弧状連結であるとき，部分集合 $A \subset X$ は**弧状連結**であるという．

**定理 4.40.** 弧状連結空間は連結である．

**証明.** $(X, \mathscr{O})$ を弧状連結な位相空間とし，点 $x \in X$ を固定する．任意の点 $y \in X$ に対して，$f : [0,1] \to X$ をある連続写像として，点 $x$ と点 $y$ を結ぶ弧 $A = f([0,1])$ が存在する．命題 4.35 より $[0,1]$ は連結であるから，定理 4.36 により $A$ も連結となる．よって，$(X, \mathscr{O})$ は連結である． $\square$

**例 4.27.** 任意の $n \in \mathbb{N}$ に対して $n$ 次元ユークリッド空間 $\mathbb{R}^n$ は明らかに弧状連結である．よって，定理 4.40 により連結でもある．

**例 4.28.** 例 4.24 の連結集合 $\overline{A} \subset \mathbb{R}^2$ を考える．$\overline{A}$ が弧状連結とすると，例えば，$f(0) = (0,0)$ かつ $f(1) = (1/(2\pi), 0)$ を満たす連続写像 $f : [0,1] \mapsto \overline{A}$ が存在する．ここで，$f(a_n) = (1/(2n\pi), 0)$ を満たすように減少列 $\{a_n\}$ を定める．また，各 $n \in \mathbb{N}$ に対して $f(b_n) = 2/((4n+1)\pi), 1)$ を満たす $b_n \in (a_n, a_{n+1})$ が存在する．このとき，$\lim_{n\to\infty} f(a_n) = (0,0)$ であるが，$\lim_{n\to\infty} f(b_n) = (0,1)$ となる．問 3.15 により，これは矛盾である．よって，$\overline{A}$ は弧状連結でない．

**問 4.31.** 位相空間 $(X_1, \mathscr{O}_1), (X_2, \mathscr{O}_2)$ に対して連続な全単射 $\varphi : X_1 \to X_2$ が存在するとき，$(X_1, \mathscr{O}_1)$ が弧状連結ならば，$(X_2, \mathscr{O}_2)$ も弧状連結であることを示せ．

最後に，命題 4.10 と問 4.31 より次を得る．このように，連結性と弧状連結性も位相的性質である．

**定理 4.41.** 同相な 2 つの位相空間 $(X_1, \mathscr{O}_1)$ と $(X_2, \mathscr{O}_2)$ に対して，$(X_1, \mathscr{O}_1)$ が連結 (または弧状連結) ならば，$(X_2, \mathscr{O}_2)$ も連結 (または弧状連結) である．

# 第 5 章

# コンパクト性

本章では，位相空間のコンパクト性について解説する．種々のコンパクト性の概念を含め，それらの一般的性質並びに，ハウスドルフ空間や距離空間において成立する性質を説明する．ここで，距離空間 $(X, d)$ は，4 章と同様，距離関数 $d$ によって定まる距離位相 $\mathscr{O}_d$ をもつ位相空間 $(X, \mathscr{O}_d)$ と考える（例 4.1 を参照）．また，コンパクト空間における連続写像の性質を述べ，2 章で述べた選択公理と（よって，ツォルンの補題や整列定理とも）等価な，直積空間のコンパクト性についてのチコノフの定理も紹介する．

## 5.1　コンパクト性とは

空でない集合 $X$ に対して，$A$ を $X$ の部分集合，$\mathscr{S}$ を $X$ の部分集合族，すなわち，$\mathscr{S} \in \mathscr{P}(X)$ とする．$A \subset \bigcup \mathscr{S}$ となるとき，$\mathscr{S}$ は $A$ を**被覆する**または $\mathscr{S}$ は $A$ の**被覆**であるという．$A$ の被覆 $\mathscr{S}$ の部分集合 $\mathscr{S}'$ に対しても $A \subset \bigcup \mathscr{S}'$ となるとき，$\mathscr{S}'$ を $\mathscr{S}$ の**部分被覆**といい，$\mathscr{S}$ は部分被覆 $\mathscr{S}'$ をもつという．特に，位相空間 $(X, \mathscr{O})$ において，位相 $\mathscr{O}$ の部分集合 $\mathscr{S}$ が $A$ を被覆するとき，$\mathscr{S}$ を $A$ の**開被覆**という．$A$ の任意の開被覆 $\mathscr{S}$ に対して，$k \in \mathbb{N}$ として $\mathscr{S}$ に属する有限個の開集合 $O_1, \ldots, O_k$ を選んで

$$A \subset O_1 \cup \cdots \cup O_k$$

となるようにできるとき，$A$ を**コンパクト集合**といい，部分集合 $A$ は**コンパクト**であるという．また，$\mathscr{S}' = \{O_1, \ldots, O_k\}$ を $\mathscr{S}$ の**有限部分被覆**といい，開被覆 $\mathscr{S}$ は有限部分被覆をもつという．$X$ 自身がコンパクトであるとき，$(X, \mathscr{O})$

をコンパクト空間といい，位相空間 $(X, \mathscr{O})$ はコンパクトであるという．

**例 5.1.** 通常の位相をもつ 1 次元ユークリッド空間 $\mathbb{R}$ において，

$$\mathscr{S} = \left\{ \left( \frac{1}{n+2}, \frac{1}{n} \right) \in \mathbb{R} \,\middle|\, n \in \mathbb{N} \right\}$$

は部分集合 $[\frac{1}{3}, \frac{2}{3}] \subset \mathbb{R}$ の開被覆であり，$O_1 = (\frac{1}{3}, 1)$ と $O_2 = (\frac{1}{4}, \frac{1}{2})$ から成る有限部分被覆をもつ．また，$\mathscr{S}$ は $(0, 1) \subset \mathbb{R}$ の開被覆でもあるが，これに対しては有限部分被覆をもたない．以下では，4 章と同様，特に明記しない限り，任意の次元のユークリッド空間は通常の位相をもつ位相空間と考える．

**例 5.2.** (1) 一般に，位相空間 $(X, \mathscr{O})$ の空集合を含めて有限部分集合 $A = \{x_j \in X \mid j = 1, \ldots, k\}$ はコンパクトである．実際，$\mathscr{S}$ を $A$ の開被覆とすると，各 $j = 1, \ldots, k$ に対して $O_j \in \mathscr{S}$ を $x_j \in O_j$ となるように選べば，$\{O_1, \ldots, O_k\}$ は部分被覆となる．特に，例 4.2(1) の離散空間 $(X, \mathscr{P}(X))$ がコンパクトであるのは有限集合のときに限る．実際，$X$ が無限集合のとき，$X$ の開被覆として $\mathscr{S} = \{\{x\} \mid x \in X\}$ が取れるが，$\mathscr{S}$ は無限集合であり，かつ有限部分被覆をもたない．

(2) 例 4.2(2) の密着空間において，空でない部分集合は，開被覆が $\{X, \emptyset\}$ か $\{X\}$ であるから，つねにコンパクトである．

**例 5.3.** $X = \mathbb{C}$ とし，$\mathscr{O}$ を例 4.3 のザリスキー位相とする．このとき，$\mathbb{C}$ 自身と空集合以外の開集合は，$\mathbb{C}$ と有限集合の差集合である．$A$ を $\mathbb{C}$ の空でない任意の部分集合とし，$\mathscr{S}$ を $A$ の開被覆とする．$\mathscr{S} \ni \emptyset$ ならば，$\emptyset$ を取り除いたものをあらためて $\mathscr{S}$ とする．$\mathscr{S} \not\ni \mathbb{C}$ の場合，有限集合から成る集合族 $\mathscr{B}$ が存在し，$\mathscr{S} = \{B^c \mid B \in \mathscr{B}\}$ と書ける．ド・モルガンの法則 (2.3) により，

$$A \subset \bigcup \{B^c \mid B \in \mathscr{B}\} = \mathbb{C} - \bigcap \mathscr{B}$$

となる．上式の両辺と $A$ の共通部分を取り，$\mathscr{B}' = \{A \cap B \mid B \in \mathscr{B}\}$ とすると，

$$A = A - \bigcap \mathscr{B}' \quad \text{すなわち} \quad \bigcap \mathscr{B}' = \emptyset$$

を得る．ここで，$\mathscr{B}'$ も有限集合から成る集合族である．例えば，$B_0' = \{x_1, \ldots, x_n\} \in \mathscr{B}'$ とすると，各 $j = 1, \ldots, n$ に対して $x_j$ を含まない $B_j' \in \mathscr{B}'$ が存在し，$\bigcap_{j=0}^{n} B_j' = \emptyset$ とできる．よって，各 $j$ に対して $A \cap B_j = B_j'$ となる

$B_j \in \mathscr{B}$ が存在し, $O_j = \mathbb{C} - B_j$ とおけば, $O_j \in \mathscr{S}$ であり,

$$A \subset O_0 \cup O_1 \cup \cdots \cup O_n$$

が成り立つ. このように, $\mathscr{S}$ は有限部分被覆をもつ. 一方, $\mathscr{S} \ni \mathbb{C}$ の場合, $\mathscr{S}$ が有限部分被覆をもつのは明らかである. したがって, $A$ はコンパクト集合であり, 特に, 位相空間 $(\mathbb{C}, \mathscr{O})$ はコンパクトである.

**問 5.1.** 任意の $n \in \mathbb{N}$ に対して $n$ 次元ユークリッド空間 $\mathbb{R}^n$ はコンパクトか.

位相空間 $(X, \mathscr{O})$ において, 部分集合 $A \subset X$ の任意の可算開被覆 (可算個の集合からなる開被覆) が有限部分被覆をもつとき, $A$ を**可算コンパクト集合**といい, 部分集合 $A$ は**可算コンパクト**であるという. $X$ 自身が可算コンパクトであるとき, $(X, \mathscr{O})$ を**可算コンパクト空間**といい, 位相空間 $(X, \mathscr{O})$ は**可算コンパクト**であるという. 明らかに次が成り立つ.

**命題 5.1.** コンパクト集合は可算コンパクトである.

命題 5.1 の逆は必ずしも成立しない (興味ある読者は, 例えば, 文献 [4,6,10] 等を参照せよ).

**問 5.2.** $n \in \mathbb{N}$ に対して $n$ 次元ユークリッド空間 $\mathbb{R}^n$ は可算コンパクトか.

位相空間 $(X, \mathscr{O})$ において, 点列 $\{x_n\}_{n \in \mathbb{N}}$ は, 点 $x \in X$ が存在し, 任意の $x$ の近傍 $U$ に対して, ある自然数 $N$ が存在し, $n \geqq N$ ならば $x_n \in U$ とできるとき, $x$ に**収束**するといい, 距離空間の場合と同様に,

$$\lim_{n \to \infty} x_n = x$$

と書く. また, $x$ を**極限**または**極限点**という. 本節では, 3.4 節や 3.5 節と同様, 添字集合を $\mathbb{N}$ に固定し, 以下では点列を単に $\{x_n\}$ と表記する.

**問 5.3.** 距離空間 $(X, d)$ において点列 $\{x_n\}$ が $x$ に 3.4 節の意味で収束するものとする. 距離関数 $d$ によって定まる距離位相 $\mathscr{O}_d$ をもつ位相空間 $(X, \mathscr{O}_d)$ においても, 上の意味で点列 $\{x_n\}$ が $x$ に収束することを確認せよ.

**例 5.4.** 例 5.3 と同様に, 例 4.3 のザリスキー位相をもつ位相空間 $(\mathbb{C}, \mathscr{O})$ を考える. $x_n = \cos n$ により点列 $\{x_n\}$ を定めると, 任意の $y \in \mathbb{C}$ はその極限となる. 実際, $U \neq \mathbb{C}$ を $y$ の近傍とすると, $k \in \mathbb{N}$ かつ $\{a_1, \ldots, a_k\} \subset \mathbb{C}$ として,

$$U = \mathbb{C} - \{a_1, \ldots, a_k\}, \quad a_1, \ldots, a_k \neq y$$

と書け, $x_n \neq a_j$ $(j = 1, \ldots, k)$ ならば $x_n \in U$ となる. また, $n \neq m$ ならば $x_n \neq x_m$ であるから, $y$ の任意の近傍 $U$ に対して, ある $N \in \mathbb{N}$ が存在し, $n \geqq N$ ならば $x_n \in U$ が成り立つ.

**問 5.4.** 例 5.4 の位相空間 $(\mathbb{C}, \mathcal{O})$ において, 次の点列は収束するか. さらに, 収束するならば極限を求めよ.

(1) $\{(-1)^n\}$  (2) $\{1/n\}$  (3) $\{(-1)^n(1 + 1/n)\}$  (4) $\{n\}$

例 5.4 で見たように, 一般に, 点列 $\{x_n\}$ は収束する場合でもその極限は一意的とは限らないが, 次が成り立つ.

**命題 5.2.** ハウスドルフ空間 $(X, \mathcal{O})$ において, 点列 $\{x_n\}$ が収束すれば, その極限は一意的である.

**証明.** $x \neq x'$ となる $x, x'$ が点列 $\{x_n\}$ の極限であると仮定する. ハウスドルフの分離公理より, $x, x'$ のそれぞれの近傍 $U, U'$ として $U \cap U' = \emptyset$ を満たすものが取れる. 一方, 十分大きな $n \in \mathbb{N}$ に対して $x_n \in U \cap U'$ となる. これは矛盾である. よって, 極限は一意的である. $\square$

定理 4.26 により距離位相はハウスドルフの分離公理を満たすので, 命題 5.2 は命題 3.6 の一般化とみなすことができる.

$(X, \mathcal{O})$ を位相空間とする. 点列 $\{x_n\}$ に対して, $\{k_n\}$ をある自然数の単調増加列として定まる点列 $\{x_{k_n}\}$ をもとの点列の**部分列**という. 部分集合 $A \subset X$ の任意の点列 $\{x_n\}$ が収束する部分列をもつとき, $A$ を**点列コンパクト集合**といい, 部分集合 $A$ は**点列コンパクト**であるという. $X$ 自身が点列コンパクトであるとき, $(X, \mathcal{O})$ を**点列コンパクト空間**といい, 位相空間 $(X, \mathcal{O})$ は**点列コンパクト**であるという. コンパクト集合は必ずしも点列コンパクトではなく, 点列コンパクト集合も必ずしもコンパクトではない (興味ある読者は, 例えば, 文献 [6,10,11] を参照せよ). 一方, 5.2 節でみるように, 点列コンパクト集合は可算コンパクトである (定理 5.6 を参照).

**例 5.5.** 位相空間 $(X, \mathcal{O})$ の有限部分集合 $A = \{x_j \subset X \mid j = 1, \ldots, k\}$ は点列コンパクトである. また, 例 4.2(1) の離散空間 $(X, \mathscr{P}(X))$ が点列コンパクトであるのは有限集合のときに限る.

**問 5.5.** $n \in \mathbb{N}$ に対して $n$ 次元ユークリッド空間 $\mathbb{R}^n$ は点列コンパクトか.

命題4.10より直ちに次を得る. このように, 可算コンパクト性と点列コンパクト性を含めて, コンパクト性も位相的性質である.

**定理 5.3.** 同相な 2 つの位相空間 $(X_1, \mathscr{O}_1)$ と $(X_2, \mathscr{O}_2)$ に対して, $(X_1, \mathscr{O}_1)$ がコンパクト (または可算コンパクトあるいは点列コンパクト) ならば, $(X_2, \mathscr{O}_2)$ もコンパクト (または可算コンパクトあるいは点列コンパクト) である.

次のように, 可算無限集合の集積点は収束部分列の極限と関連付けられる.

**命題 5.4.** 位相空間 $(X, \mathscr{O})$ において $A = \{x_n \mid n \in \mathbb{N}\}$ を可算無限集合とする. 点列 $\{x_n\}$ が収束する部分列をもつならば, その極限は $A$ の集積点となる.

**証明.** まず, 集合 $A$ の表式において, $n \neq k$ ならば $x_n \neq x_k$ としてよいことに注意する. $\{x_n\}$ の収束する部分列を $\{x_{k_n}\}$ とし, その極限を $x$ とする. 定義より, 任意の $x$ の近傍 $U$ に対して, ある $N \in \mathbb{N}$ が存在し, $n \geqq N$ ならば $x_{k_n} \in U$ となる. さらに, 高々1つの $n \geqq N$ では $x_{k_n} = x$ となる可能性があるが, その場合には, その自然数を $n = N_0$ として改めて $N = N_0 + 1$ と定義し直せば, $n \geqq N$ ならば $x_{k_n} \in U - \{x\}$ となる.

いま, $C$ を

$$A - \{x\} \subset C \tag{5.1}$$

を満たす任意の閉集合とする. このとき, $x \notin C$ ならば, $C^c$ は $x$ の近傍となり, 上に示したことから, ある $N \in \mathbb{N}$ が存在して, $n \geqq N$ ならば $x_{k_n} \in C^c - \{x\}$ となり, $x_{k_n} \in A - \{x\} \subset C$ であることに矛盾する. よって, $x \in C$ となる. このことに注意し, 式 (5.1) を満たす, すべての閉集合 $C$ の共通部分を取れば, $x \in \overline{A - \{x\}}$ を得る. $\qquad \square$

**例 5.6.** 1 次元ユークリッド空間 $\mathbb{R}$ において, 無限集合 $A = \{(-1)^n + 1/n \mid n \in \mathbb{N}\}$ を考える. 部分列 $\{1 + 1/(2n)\}$ と $\{-1 + 1/(2n-1)\}$ は, それぞれ, $1$ と $-1$ に収束し, $\pm 1$ は $A$ の集積点である.

## 5.2 一般の場合

まず, 定義から容易に得られるコンパクト集合の性質を与える.

**定理 5.5.** 位相空間 $(X, \mathscr{O})$ において, $n \in \mathbb{N}$ として有限個のコンパクト集合

$A_j\ (j=1,\ldots,n)$ の和集合 $A = \displaystyle\bigcup_{j=1}^{n} A_j$ はコンパクトである.

**証明.** $\mathscr{S}$ を $A$ の開被覆とする. $\mathscr{S}$ は各 $j$ に対してコンパクト集合 $A_j$ の開被覆でもあるから, 有限個の開集合 $O_k^j \in \mathscr{S}\ (k=1,\ldots,k_j)$ を選べば,

$$A_j \subset O_1^j \cup \cdots \cup O_{k_j}^j$$

となる. よって, 有限個の開集合 $O_k^j \in \mathscr{S}\ (k=1,\ldots,k_j,\ j=1,\ldots,n)$ により

$$A = \bigcup_{j=1}^{n} A_j \subset \bigcup_{j=1}^{n} O_1^j \cup \cdots \cup O_{k_j}^j$$

とできるから, $A$ はコンパクトである. $\qquad\square$

**問 5.6.** 位相空間 $(X, \mathscr{O})$ において, 有限個の可算コンパクト (または点列コンパクト) 集合 $A_j\ (j=1,\ldots,n)$ の和集合は可算コンパクト (または点列コンパクト) であることを示せ.

**定理 5.6.** コンパクト空間 $(X, \mathscr{O})$ において閉部分集合 $C$ はコンパクトである.

**証明.** $C = X$ の場合は明らかであるから, $C \neq X$ と仮定する. $\mathscr{S}$ を閉集合 $C$ の開被覆とすると, $C \subset \bigcup \mathscr{S}$ であるから,

$$X = C \cup C^c \subset \left( \bigcup \mathscr{S} \right) \cup C^c$$

となり, $\hat{\mathscr{S}} = \mathscr{S} \bigcup \{C^c\}$ は $X$ の開被覆となる. $X$ はコンパクトであるから, 有限個の $O_1, \ldots, O_k \in \mathscr{S}$ を選んで,

$$X \subset O_1 \cup \cdots \cup O_k \cup C^c$$

とできる. これより,

$$C \subset O_1 \cup \cdots \cup O_k$$

となるから, $C$ はコンパクトである. $\qquad\square$

定理 5.6 の主張は, 明らかに一般の位相空間 $(X, \mathscr{O})$ に対しては成立しない. 例えば, 位相空間 $(X, \mathscr{O})$ がコンパクトでないとき, $X$ は閉集合であるがコンパクトではない. また, 例 5.3 でみたように, 例 4.3 のザリスキー位相をもつ位相空間 $(\mathbb{C}, \mathscr{O})$ では, $\mathbb{C}$ 自身を含めて, 任意の部分集合がコンパクトである.

**問 5.7.** 問 3.4(1) で取りあげた，1 次元ユークリッド空間 $(\mathbb{R}, d^1)$ の部分距離空間 $(\mathbb{Z}, d^1_{\mathbb{Z}})$ において，任意の閉部分集合はコンパクトか．

**問 5.8.** 可算コンパクト (または点列コンパクト) 空間において，閉部分集合 $C$ は可算コンパクト (または点列コンパクト) であることを示せ．

位相空間 $(X, \mathscr{O})$ において，$\mathscr{S}$ を部分集合族とする．$\mathscr{S}$ に属する任意の有限個の集合 $S_1, \ldots, S_k$ $(k \in \mathbb{N})$ が

$$S_1 \cap \cdots \cap S_k \neq \emptyset$$

を満たすとき，$\mathscr{S}$ は**有限交叉性**をもつという．

**定理 5.7.** 位相空間 $(X, \mathscr{O})$ がコンパクトであるためには，有限交叉性をもつ任意の閉部分集合族 $\mathscr{A}$ に対して $\bigcap \mathscr{A} \neq \emptyset$ となることが必要十分である．

**証明.** まず，$(X, \mathscr{O})$ がコンパクトと仮定し，必要性を示す．$\mathscr{A}$ を有限交叉性をもつ任意の閉部分集合の族とし，開部分集合の族 $\mathscr{A}^c = \{C^c \mid C \in \mathscr{A}\}$ を定める．$\bigcap \mathscr{A} = \emptyset$ と仮定する．ド・モルガンの法則 (2.3) により

$$\bigcup \mathscr{A}^c = \left(\bigcap \mathscr{A}\right)^c = X$$

となるから，$\mathscr{A}^c$ は $X$ の開被覆であり，有限個の $C_j^c \in \mathscr{A}^c$ $(j = 1, \ldots, k)$ を選んで $X \subset \bigcap_{j=1}^{k} C_j^c$ とできる．再び，ド・モルガンの法則 (2.3) により

$$X \subset \left(\bigcap_{j=1}^{k} C_j\right)^c \quad \text{すなわち} \quad \bigcap_{j=1}^{k} C_j = \emptyset$$

となり，$\mathscr{A}$ が有限交叉性をもつことに矛盾する．よって，$\bigcap \mathscr{A} \neq \emptyset$ である．

次に，位相空間 $(X, \mathscr{O})$ において，有限交叉性をもつ任意の閉部分集合の族 $\mathscr{A}$ に対して $\bigcap \mathscr{A} \neq \emptyset$ となるものと仮定して，十分性を示す．$\mathscr{S}$ を $X$ の任意の開被覆とし，閉部分集合の族 $\mathscr{S}^c = \{O^c \mid O \in \mathscr{S}\}$ を定める．ド・モルガンの法則 (2.3) により

$$\bigcap \mathscr{S}^c = \left(\bigcup \mathscr{S}\right)^c = \emptyset \tag{5.2}$$

となるから，有限個の $O_j^c \in \mathscr{S}^c$ $(j = 1, \ldots, k)$ を選んで $\bigcap_{j=1}^{k} O_j^c = \emptyset$ とできる．実際，そうできないとすると，$\mathscr{S}^c$ は有限交差性をもつから $\bigcap \mathscr{S}^c \neq \emptyset$ と

なり，式 (5.2) と矛盾する．再び，ド・モルガンの法則 (2.3) により

$$\left(\bigcup_{j=1}^{k} O_j\right)^c = \emptyset \quad \text{すなわち} \quad X \subset \bigcup_{j=1}^{k} O_j$$

が成り立つから，$(X, \mathscr{O})$ はコンパクトである． □

**例 5.7.** 例 4.3 のザリスキー位相をもつ位相空間 $(\mathbb{C}, \mathscr{O})$ は，例 5.3 でみたようにコンパクトである．一方，閉部分集合は有限集合となるから，閉部分集合族 $\mathscr{A}$ が有限交叉性をもてば $\bigcap \mathscr{A} \neq \emptyset$ となる．

**定理 5.8.** 位相空間 $(X, \mathscr{O})$ について次の 3 つの条件は同値である．

**(1)** 可算コンパクトである．

**(2)** 有限交叉性をもつ任意の可算閉部分集合族 $\mathscr{A}$ に対して $\bigcap \mathscr{A} \neq \emptyset$ となる．

**(3)** 任意の可算無限部分集合は少なくとも 1 つの集積点をもつ．

**証明.** (1) と (2) が同値であることは，定理 5.7 の証明で閉部分集合族 $\mathscr{A}$ が可算である場合に限定すれば得られる．(2) と (3) が同値であることを示す．

まず，(2) から (3) を導く．可算無限部分集合 $A = \{x_j \in A \mid j \in \mathbb{N}\}$ が1つも集積点をもたないと仮定する．$j \neq k$ のとき $x_j \neq x_k$ とする．例 4.6 より $\overline{A} - A = \emptyset$ となるから，$A$ は閉集合となる．また，各 $k \in \mathbb{N}$ に対して $A_k = \{x_j \mid j > k\} \subset A$ とおくと，

$$\bigcap_{k=1}^{\infty} A_k = \emptyset \tag{5.3}$$

が成り立つ．一方，$x \in \overline{A_k} - A_k$ が存在するものとすると，点 $x$ は例 4.6 より $A_k$ の集積点であり，$x \in \overline{A_k - \{x\}} \subset \overline{A - \{x\}}$ が成り立つから $A$ の集積点となり矛盾する．よって，各 $k \in \mathbb{N}$ に対して $\overline{A_k} - A_k = \emptyset$ であり，$A_k$ も閉集合となる．可算閉部分集合族 $\{A_k\}_{j \in \mathbb{N}}$ は有限交叉性をもつから，(2) により $\bigcap_{k=1}^{\infty} A_k \neq \emptyset$ となり，式 (5.3) に矛盾する．したがって，$A$ は少なくとも 1 つの集積点をもつ．

次に，(3) から (2) を導く．$\mathscr{A} = \{C_j \mid j \in \mathbb{N}\}$ を有限交叉性をもつ可算閉

部分集合族とする．各 $k \in \mathbb{N}$ に対して $S_k = \bigcap_{j=1}^{k} C_k$ とおくと，$S_k$ は空ではない閉集合となる．また，$\mathscr{S} = \{S_k \mid k \in \mathbb{N}\}$ とおけば，$S_1 \supset S_2 \supset \cdots$ より $\bigcap \mathscr{A} = \bigcap \mathscr{S}$ が成り立つ．このとき，次の 2 つの場合が考えられる．

(i) ある $N \in \mathbb{N}$ が存在して，$k \geqq N$ のとき $S_k = S_N$ となる．

(ii) 任意の $k \in \mathbb{N}$ に対して $S_k \supsetneqq S_{k+1}$，すなわち，$S_k - S_{k+1} \neq \emptyset$ となる．

(i) の場合，明らかに $\bigcap \mathscr{S} = S_N \neq \emptyset$ が成立する．また，(ii) の場合，$x_k \in S_k - S_{k+1}$ を満たすように点列 $\{x_k\}_{k \in \mathbb{N}}$ を定めると，$A = \{x_j \mid j \in \mathbb{N}\}$ は可算無限集合で，(3) により，少なくとも 1 つの集積点 $x \in X$ をもつ．各 $k \in \mathbb{N}$ に対して，$S_k$ は点列 $\{x_j\}_{j=k}^{\infty}$ を含むから $x$ は $S_k$ の集積点でもあり，$S_k$ は閉集合であるから $x \in S_k$ となる．よって，$x \in \bigcap \mathscr{S}$，すなわち，$\bigcap \mathscr{S} \neq \emptyset$ となる．このように，(i) と (ii) の両方の場合に対して $\bigcap \mathscr{A} \neq \emptyset$ を得る．　□

**問 5.9.** コンパクト空間において，無限集合は少なくとも 1 つの集積点をもつことを示せ．

**定理 5.9.** 点列コンパクト空間は可算コンパクトである．

**証明.** 点列コンパクト空間 $(X, \mathscr{O})$ において，$A = \{x_j \in A \mid j \in \mathbb{N}\}$ を任意の可算無限部分集合とする．点列コンパクトの定義より，点列 $\{x_j\}_{j \in \mathbb{N}}$ は収束する部分列 $\{x_{j_n}\}_{n \in \mathbb{N}}$ を有する．命題 5.4 より，その極限 $x$ は $A$ の集積点である．よって，定理 5.8 により，$(X, \mathscr{O})$ は可算コンパクトとなる．　□

一般的には，点列コンパクト性 (またはコンパクト性) と可算コンパクト性は一致しないが，以下のように，第 1 (または第 2) 可算公理を満たす場合は一致する．

**定理 5.10.** 第 1 可算公理を満足する位相空間について，次の 2 つの条件は同値である．

**(1)** 点列コンパクトである．

**(2)** 可算コンパクトである．

**証明.** 一般的に定理 5.9 により (1) から (2) が導かれるので，(2) から (1) を導けばよい．

第 1 可算公理を満足する可算コンパクト空間 $(X, \mathscr{O})$ において，$\{x_j\}_{j \in \mathbb{N}}$ を任意の点列とする．まず，$A = \{x_j \mid j \in \mathbb{N}\}$ を無限集合とし，$j \neq k$ ならば $x_j \neq x_k$ と仮定する．定理 5.8 により可算コンパクト性から $A$ は集積点 $x$ をもつ．また，第 1 可算公理を満足することから，$x$ の可算基本近傍系 $\mathscr{V}(x) = \{V_j \mid j \in \mathbb{N}\}$ が存在する．$U_k = \bigcap_{j=1}^{k} V_k$ とおくと，各 $k$ に対して $U_k$ も開集合で，$U_1 \supset U_2 \supset \cdots$ が成り立つ．さらに，任意の $j \in \mathbb{N}$ に対して，ある $k \in \mathbb{N}$ が存在し，

$$x_k \in U_j - \{x\} \tag{5.4}$$

となる．実際，このような $k$ が存在しないとすると，$A - \{x\} \subset U_j^c$ であり，さらに $U_j^c$ は閉集合であるから，$\overline{A - \{x\}} \subset U_j^c$ となり，$x$ が $A$ の集積点であることに矛盾する．

各 $j \in \mathbb{N}$ に対して式 (5.4) を満たす $k$ で最小のものを $k_j$ と表す．すると，$\{x_{k_j}\}_{j \in \mathbb{N}}$ は $\{x_j\}_{j \in \mathbb{N}}$ の部分列であり，かつ $x$ に収束する．一方，$A$ が有限集合ならば，明らかにこの点列は収束する部分列をもつ．よって，$(X, \mathscr{O})$ は点列コンパクトである．　　□

**定理 5.11.** 第 2 可算公理を満足する位相空間 $(X, \mathscr{O})$ の部分集合 $A$ について，次の 2 つの条件は同値である．

**(1)** コンパクトである．

**(2)** 可算コンパクトである．

**証明．** 命題 5.1 より (1) から (2) が得られるので，(2) から (1) を導く．$A$ を可算コンパクトと仮定する．$\mathscr{V}$ を可算開基，$\mathscr{S}$ を $A$ の任意の開被覆とし，$\mathscr{V}_A = \{V \in \mathscr{V} \mid V \subset S \in \mathscr{S}\}$ とおく．$\mathscr{V}_A$ は可算開被覆だから，有限部分開被覆 $\{V_1, \ldots, V_k\}$ をもつ．各 $j = 1, \ldots, k$ に対して $S_j \supset V_j$ を 1 つ選べば，$\{S_1, \ldots, S_k\}$ は $\mathscr{S}$ の有限部分開被覆となり，$A$ はコンパクトである．　　□

**注意 5.12.** 定理 4.16，5.10 と 5.11 より，第 2 可算公理を満足する位相空間においては，コンパクト性，可算コンパクト性および点列コンパクト性は一致する．

## 5.3 ハウスドルフ空間の場合

次に，ハウスドルフ空間の場合を考える．定理 5.6 によりコンパクト空間の閉集合はコンパクトとなるが，以下のようにハウスドルフ空間においてはその逆が成り立つ.

**定理 5.13.** ハウスドルフ空間 $(X, \mathcal{O})$ においてコンパクト集合は閉集合である.

**証明.** ハウスドルフ空間 $(X, \mathcal{O})$ において，$A$ をコンパクト集合として，その補集合 $A^c$ が開集合であることを示す．そのためには，任意の点 $x \in A^c$ が $A$ の外点であることを示せば良い.

点 $x \in A^c$ を固定する．ハウスドルフの分離公理により，任意の点 $a \in A$ に対して，$a \in U(a)$, $x \in V(a)$ かつ $U(a) \cap V(a) = \emptyset$ を満たす $U(a), V(a) \in \mathcal{O}$ が存在する．$\{U(a) \mid a \in A\}$ は $A$ の開被覆となるから，$A$ のコンパクト性により，有限個の開集合 $U(a_1), \ldots, U(a_k)$ を選んで，

$$A \subset U(a_1) \cup \cdots \cup U(a_k)$$

とできる．一方，$V = \bigcap_{j=1}^{k} V(a_j)$ は $x$ の開近傍であり，$U(a_j) \cap V(a_j) = \emptyset$ $(j = 1, \ldots, k)$ により

$$V \cap A \subset V \cup \bigcup_{j=1}^{k} U(a_j) = \bigcup_{j=1}^{k} \bigcap_{j=1}^{k} V(a_j) \cap U(a_j) = \emptyset$$

を満たす．よって，$x$ は $A$ の外点となるから，定理の結論を得る． $\square$

**注意 5.14.** 定理 5.6 と 5.13 より，コンパクトなハウスドルフ空間において，部分集合がコンパクトとなるためには，閉集合であることが必要十分となる.

定理 5.13 の主張は一般の位相空間においては成り立たない．例えば，例 5.2(1) で述べたように有限部分集合はコンパクトであるが，これらは必ずしも閉集合とはならない (4.4 節を参照せよ).

**例 5.8.** 例 4.2(1) の離散空間 $(X, \mathscr{P}(X))$ はハウスドルフ空間であり (例 4.17 を参照)，有限部分集合のみがコンパクトとなる (例 5.2(1) を参照)．一方，任意の部分集合は閉集合であり，$X$ が無限集合の場合，コンパクトでない閉集合が存在する.

**定理 5.15.** コンパクトなハウスドルフ空間 $(X, \mathcal{O})$ は正規である.

**証明.** $(X, \mathcal{O})$ をコンパクトなハウスドルフ空間とし, $C_1$ と $C_2$ を互いに交わらない閉集合とする. 定理 5.6 により $C_1$ と $C_2$ はコンパクト集合である. また, 任意の点 $x \in C_1$ と $y \in C_2$ に対して, $x \in U_1(x, y)$, $y \in U_2(x, y)$ かつ $U_1(x, y) \cap U_2(x, y) = \emptyset$ を満たす $U_1(x, y), U_2(x, y) \in \mathcal{O}$ が存在する.

$x \in C_1$ を固定する. $\{U_2(x, y) \mid y \in C_2\}$ は $C_2$ の開被覆となるから, $C_2$ のコンパクト性により, 有限個の開集合 $U_2(x, y_1), \ldots, U_2(x, y_k)$ を選んで,

$$C_2 \subset U_2(x, y_1) \cup \cdots \cup U_2(x, y_k)$$

とできる.

$$U_1(x) = \bigcap_{j=1}^{k} U_1(x, y_j), \quad U_2(x) = \bigcup_{j=1}^{k} U_2(x, y_j)$$

とおくと, $U_1(x), U_2(x)$ は開集合で

$$x \in U_1(x), \quad C_2 \subset U_2(x), \quad U_1(x) \cap U_2(x) = \emptyset$$

を満たす. また, $\{U_1(x) \mid x \in C_1\}$ は $C_1$ の開被覆となるから, $C_1$ のコンパクト性により, 有限個の開集合 $U_1(x_1), \ldots, U_1(x_\ell)$ を選んで,

$$C_1 \subset U_1(x_1) \cup \cdots \cup U_1(x_\ell)$$

とできる. $U_1 = \bigcup_{j=1}^{\ell} U_1(x_j)$, $U_2 = \bigcap_{j=1}^{\ell} U_2(x_j)$ は開集合で,

$$C_1 \subset U_1, \quad C_2 \subset U_2, \quad U_1 \cap U_2 = \emptyset$$

を満たし, $(X, \mathcal{O})$ は正規となる. $\qquad \square$

**注意 5.16.** 4.4 節で述べたように (問 4.22(2) を参照), 正規空間は正則であったから, 定理 5.15 により, コンパクトなハウスドルフ空間は正則でもある.

**問 5.10.** 例 4.19 の位相空間 $(\mathbb{R}, \mathcal{O})$ はコンパクトか.

## 5.4 距離空間の場合

$(X, d)$ を距離空間とする. 部分集合 $A \subset X$ に対して,

$$\delta(A) = \sup\{d(x, y) \mid x, y \in A\}$$

を $A$ の**直径**という．直径 $\delta(A)$ が有限の値のとき，集合 $A$ は**有界**であるという．また，$\mathscr{S}$ を $A$ の被覆，すなわち，$A \subset \bigcup \mathscr{S}$ であるものとし，$\varepsilon$ を正数とする．このとき，任意の $S \in \mathscr{S}$ に対して $\delta(S) < \varepsilon$ が成り立つならば，$\mathscr{S}$ を $A$ の **$\varepsilon$ 被覆**という．任意の正数 $\varepsilon$ に対して，有限な (有限個の元から成る) $\varepsilon$ 被覆が存在するとき，$A$ は**全有界**または**プレコンパクト**であるという．$X$ 自身がこれらの条件を満たすとき，それぞれ，距離空間 $(X, d)$ は**有界**あるいは**全有界** (または**プレコンパクト**) であるという．定義より，有界 (または全有界) な距離空間において，任意の部分集合も有界 (または全有界) である．

**命題 5.17.** 距離空間において，コンパクト集合は全有界である．

**証明.** $A$ を任意のコンパクト集合とする．明らかに，任意の正数 $\varepsilon$ に対して，$\varepsilon$-開球体族 $\mathscr{S} = \{B(x; \varepsilon) \mid x \in A\}$ は $A$ の開被覆となる．よって，$\mathscr{S}$ は有限部分被覆 $\{B(x_1; \varepsilon), \ldots, B(x_k; \varepsilon)\}$ をもち，$A \subset \bigcup\limits_{j=1}^{k} B(x_k; \varepsilon)$ とできるから，$A$ は全有界である． □

**命題 5.18.** 距離空間において全有界部分集合は有界である．

**証明.** まず，次の補題を示す．

**補題 5.19.** $k \in \mathbb{N}$ として，有限個の有界集合 $A_j$ $(j = 1, \ldots, k)$ の和集合 $A = \bigcup\limits_{j=1}^{k} A_j$ は有界である．

**証明.** $A_j$ $(j = 1, \ldots, k)$ を有界集合とし，各 $j$ に対して点 $x_j \in A_j$ を選ぶ．このとき，2 点 $y_j \in A_j$，$y_l \in A_l$ に対して，三角不等式により，

$$d(y_j, y_l) \leqq d(y_j, x_j) + d(x_j, x_l) + d(x_l, y_l) \leqq \delta(A_j) + \delta(A_l) + d(x_j, x_l)$$

が成り立つ．よって，

$$\delta(A) \leqq 2 \max_{1 \leqq j \leqq k} \delta(A_j) + \max_{1 \leqq j \leqq l \leqq k} d(x_j, x_l) < \infty$$

となり，$A$ は有界である． □

全有界部分集合の有限な $\varepsilon$ 被覆の元は有界集合であるから，補題 5.19 により命題の結論を得る． $\square$

命題 5.18 の逆は一般に成り立たない

**例 5.9.** (1) $X$ を無限集合として，例 3.1(3) の離散距離空間 $(X, d)$ を考える．$A \subset X$ を任意の無限集合とすると，

$$\delta(A) = \sup_{x, y \in A} d(x, y) = 1$$

となるから，$A$ は有界である．しかし，正数 $\varepsilon < 1$ に対して，$A$ は有限個の $\varepsilon$ 被覆をもたないから全有界ではない．

(2) $n \in \mathbb{N}$ として $n$ 次元ユークリッド空間 $\mathbb{R}^n$ を考える．このとき，任意の有界部分集合 $A$ は全有界となる．実際，任意の正数 $\varepsilon$ に対して，自然数 $m > 2\delta(A)/\varepsilon - 1$ と高々 $k = m^n$ 個の点 $x_j$ $(j = 1, \ldots, k)$ を選んで，$k$ 個の $\varepsilon$-開球体 $B(x_j; \varepsilon)$ $(j = 1, \ldots, k)$ により $A \subset \bigcup_{j=1}^{k} B(x_j; \varepsilon)$ とすることができる．よって，$A$ は全有界である．

**問 5.11.** 例 5.9(1) において，有限集合 $A \subset X$ は全有界となることを示せ．

**問 5.12.** 例 3.2(2) の無限実数列から成る距離空間 $\ell^2(\mathbb{R})$ において，次の集合 $A$ は有界か．また，全有界か．

(1) $A = \left\{ \{x_n\}_{n=1}^{\infty} \in \ell^2(\mathbb{R}) \,\Big|\, \sum_{n=1}^{\infty} x_n^2 = 1 \right\}$

(2) $A = \left\{ \{x_n\}_{n=1}^{\infty} \in \ell^2(\mathbb{R}) \mid |x_n| \leqq 2^{-n}, n \in \mathbb{N} \right\}$

**命題 5.20.** 全有界な距離空間は第 2 可算公理を満たす．

**証明.** $(X, d)$ を全有界な距離空間とする．定理 4.17 により，$(X, d)$ が可分であることを示せば良い．

正数 $\varepsilon$ に対して，$\mathscr{S}_\varepsilon$ を $X$ の有限な $\varepsilon$-被覆とする．このとき，任意の $r \in \mathbb{N}$ に対して $X = \bigcup \mathscr{S}_{1/r}$ が成り立つ．$k(r) = \#\mathscr{S}_{1/r}$，$\mathscr{S}_{1/r} = \{S_1, \ldots, S_{k(r)}\}$ とし，点 $x_j^r \in S_j$ $(j = 1, \ldots, k(r))$ を選ぶ．明らかに

$$A = \{x_j^n \mid j = 1, \ldots, k(r), r \in \mathbb{N}\}$$

は可算集合で，$\overline{A} = X$ を満たす．よって，$(X, d)$ は可分である． $\square$

**問 5.13.** 第 2 可算公理を満たす距離空間においても，有界部分集合は必ずしも全有界でないことを示せ．

注意 5.12 で述べたように，第 2 可算公理を満たす位相空間では，コンパクト性，可算コンパクト性および点列コンパクト性は一致する．距離空間は必ずしも第 2 可算公理を満たさないが，次が成り立つ．

**定理 5.21.** 距離空間 $(X, d)$ に対して，次の 4 つの条件は同値である．

**(1)** コンパクトである．

**(2)** 可算コンパクトである．

**(3)** 点列コンパクトである．

**(4)** 全有界かつ完備である．

**証明.** 命題 5.1 より (1) から (2) が導かれ，また，距離空間は 4.3 節で述べたように第 1 可算公理を満たすから，定理 5.10 により (2) と (3) は同値である．よって，(3) から (4) と (1) を，(4) から (3) を導く．まず，次の補題を示す．

**補題 5.22.** 距離空間 $(X, d)$ が点列コンパクトならば，全有界である．

**証明.** $(X, d)$ が点列コンパクトであるが，全有界でないと仮定する．このとき，ある正数 $\varepsilon$ に対して，$X$ の有限な $\varepsilon$ 被覆は存在しない．そこで，まず $x_1 \in X$ を任意に選び，次に $x_2$ を $B(x_1; \varepsilon)^c$ から選び，$x_3$ を

$$\left(B(x_1; \varepsilon) \cup B(x_2; \varepsilon)\right)^c = B(x_1; \varepsilon)^c \cap B(x_2; \varepsilon)^c$$

から選び，以下同様に，各 $k \in \mathbb{N}$ に対しては $x_k$ を

$$\left(\bigcup_{j=1}^k B(x_j; \varepsilon)\right)^c = \bigcap_{j=1}^k B(x_j; \varepsilon)^c$$

から選んで，点列 $\{x_k\}$ を定める．各点の選び方より $j \neq k$ ならば $d(x_j, x_k) > \varepsilon$ となるから，$\{x_k\}$ のどんな部分列も収束しない．これは $(X, d)$ が点列コンパクトであることに矛盾する．よって，$X$ は全有界である． $\square$

$(X, d)$ が点列コンパクトと仮定する．補題 5.22 により $X$ は全有界である．さらに，$\{x_j\}$ を $X$ のコーシー列とする．点列コンパクト性により，収束する部分列 $\{x_{k_j}\}$ をもつ．その極限を $x$ とすると，任意の正数 $\varepsilon$ に対して，ある

$N \in \mathbb{N}$ が存在し，$j \geqq N$ ならば

$$d(x_{k_j}, x_j) < \varepsilon/2, \quad d(x, x_{k_j}) < \varepsilon/2$$

とできる．したがって，三角不等式により

$$d(x, x_j) < d(x, x_{k_j}) + d(x_{k_j}, x_j) < \varepsilon$$

となるから，コーシー列 $\{x_j\}$ は $x$ に収束する．よって，$(X, d)$ は完備である．一方，$(X, d)$ は全有界であるから，命題 5.20 により第 2 可算公理を満たす．また，定理 5.10 により $(X, d)$ は可算コンパクトであったから，定理 5.11 によりコンパクトとなる．

次に，$(X, d)$ が全有界かつ完備であると仮定し，$\{x_n\}$ を $X$ の任意の点列とする．命題 5.20 の証明と同様に，正数 $\varepsilon$ に対して，$\mathscr{S}_\varepsilon$ を $X$ の有限な $\varepsilon$-被覆とする．$S \in \mathscr{S}_\varepsilon$ に対して，$y \in S$ ならば $S \subset B(y; \varepsilon)$ となる．よって，任意の $r \in \mathbb{N}$ に対して，$k(r) = \#\mathscr{S}_{1/r}$ として，$y_j(r)$ $(j = 1, \ldots, k(r))$ が存在し，

$$X = \bigcup_{j=1}^{k(r)} B(y_j(r), 1/r)$$

とできる．このとき，$\{x_n\}$ がコーシー列を部分列としてもつことを示す．

まず，$r = 1$ として，各 $x_n$ はいずれかの $B(y_j(1); 1)$ に含まれる．$B(y_j(1), 1)$ $(j = 1, \ldots, k(1))$ のうち，無限個の $x_n$ を含むどれか 1 つに対して $j = j_1$ とし，それに含まれる $\{x_n\}$ の部分列を $\{x_n(1)\}$ と記す．次に，$r = 2$ として，$B(y_j(2), 1/2)$ $(j = 1, \ldots, k(2))$ のうち，無限個の $x_n(1)$ を含むどれか 1 つに対して $j = j_2$ とし，$B(y_{j_2}(2), 1)$ に含まれる $\{x_n(1)\}$ の部分列を $\{x_n(2)\}$ と記す．以下同様に，$B(y_j(r), 1/r)$ $(j = 1, \ldots, k(r))$ のうち，無限個の $x_n(r-1)$ を含むどれか 1 つを $j = j_r$ とし，$B(y_{j_r}(r), 1/r)$ に含まれる $\{x_n(r-1)\}$ の部分列を $\{x_n(r)\}$ と記す．$\hat{x}_r = x_n(r)$ とすると，$\{\hat{x}_r\}$ は $\{x_n\}$ の部分列で，$r, s \geqq n$ ならば

$$d(\hat{x}_r, \hat{x}_s) < 1/n$$

を満たし，コーシー列となる．よって，完備性から部分列 $\{\hat{x}_r\}$ は収束するから，$(X, d)$ は点列コンパクトである． $\qquad\square$

**注意 5.23.** 定理 3.10 と 5.21 および命題 5.18 により，距離空間 $(X, d)$ においてコンパクト集合は有界閉集合となる．

**例 5.10.** $X$ が無限集合のとき，例 3.1(3) の離散距離空間 $(X, d)$ は全有界とならないから (例 5.9(1) を参照)，定理 5.21 からコンパクトではないことがわかる．この事実は既に例 5.2(1) で述べている．

　さらに，ユークリッド空間に対しては，次のように注意 5.23 で述べたことの逆も成り立つ．

**定理 5.24.** $n \in \mathbb{N}$ とし，$n$ 次元ユークリッド空間 $\mathbb{R}^n$ を考える．部分集合 $A \subset \mathbb{R}^n$ がコンパクトであるためには，**有界閉集合であることが必要十分**である．

**証明.** 注意 5.23 で必要性は与えられているので，十分性を示せば良い．$A$ を有界閉集合とする．定理 3.12 によりユークリッド空間は完備であるから，定理 3.9 により部分距離空間 $(A, d_A)$ も完備となる．また，例 5.9(2) から $A$ は全有界である．よって，定理 5.21 により $A$ はコンパクトとなる．　　□

**注意 5.25.** 定理 5.24 で $n = 1$ とすると，有限閉区間はコンパクトであるということになる．この結果は，**ハイネ・ボレルの被覆定理**と呼ばれ，多くの教科書 (例えば，[12,13]) ではワイエルシュトラスの定理 (定理 2.10) に基づき証明されている．$n = 1$ の場合の結果 (ハイネ・ボレルの被覆定理) と後出の定理 5.30 を用いて，定理 5.24 の $n > 1$ の場合を証明することも可能である．

**例 5.11.** (1) 例 3.10(2) で示したように，$n \in \mathbb{N}$ に対して，$n + 1$ 次元ユークリッド空間 $(\mathbb{R}^{n+1}, d^{n+1})$ において $n$ 次元単位球面 $\mathbb{S}^n$ は閉集合であり，また有界でもある．したがって，定理 5.24 により $\mathbb{S}^n$ はコンパクトである．

(2) 1 次元ユークリッド空間 $(\mathbb{R}, d^1)$ において，$A = \mathbb{Q} \cap [0, 1]$ は有界ではあるが，閉集合ではないから (問 3.18 を参照)，定理 5.24 によりコンパクトではない．

**問 5.14.** 1 次元ユークリッド空間 $(\mathbb{R}, d^1)$ において，例 3.9 のカントール集合 $I_c$ はコンパクトか．

**問 5.15.** 例 3.2(1) の距離空間 $(\{0, 1\}^{\mathbb{N}}, d)$ はコンパクトか．

## 5.5 コンパクト空間における連続写像

コンパクト空間における連続写像に関して，いくつかの重要な性質を与える．

**定理 5.26.** $(X_1, \mathscr{O}_1)$ と $(X_2, \mathscr{O}_2)$ を位相空間，$A$ を $(X_1, \mathscr{O}_1)$ のコンパクト集合とする．連続写像 $f : X_1 \to X_2$ による $A$ の像 $f(A)$ は $(X_2, \mathscr{O}_2)$ のコンパクト集合である．さらに，$X_1$ 自身がコンパクトで，$f : X_1 \to X_2$ が全射ならば，$X_2$ もコンパクトである．

**証明.** $\mathscr{S}_2$ を $f(A)$ の開被覆とする．このとき，$\mathscr{S}_1 = \{f^{-1}(S_2) \mid S_2 \in \mathscr{S}_2\}$ は $A$ の開被覆となる．$A$ はコンパクトであるから，$\mathscr{S}_1$ は $k \in \mathbb{N}$ として有限部分被覆 $\{f^{-1}(S_{2j}) \mid S_{2j} \in \mathscr{S}_2, j = 1, \ldots, k\}$ をもち，$A \subset \bigcup_{j=1}^{k} f^{-1}(S_{2j})$ となる．よって，定理 2.2(1) とから $f(A) \subset \bigcup_{j=1}^{k} S_{2j}$ を得る．したがって，$f(A)$ はコンパクトである． $\square$

**例 5.12.** $X_1 = \mathbb{C}$，$\mathscr{O}_1$ を例 4.3 のザリスキー位相 $\mathscr{O}$，$(X_2, \mathscr{O})$ を任意の位相空間とする．任意の部分集合 $A \subset \mathbb{C}$ は，例 5.3 で示されたように $(\mathbb{C}, \mathscr{O})$ においてコンパクトであるから，$f : \mathbb{C} \to X_2$ が連続であれば，定理 5.26 により $f(A)$ もコンパクトである．

**問 5.16.** 位相空間 $(X, \mathscr{O})$ におけるコンパクト集合は，$\mathscr{O}' \supset \mathscr{O}$ を満たす位相空間 $(X, \mathscr{O}')$ においてもコンパクトであることを示せ．

定理 5.26 において，$(X_2, \mathscr{O}_2)$ として 1 次元ユークリッド空間 $\mathbb{R}$ を取り，$(X_1, \mathscr{O}_1) = (X, \mathscr{O})$ とすれば，定理 5.24 とから次の系が直ちに得られる．

**系 5.27. コンパクト空間 $(X, \mathscr{O})$ に対して，任意の実数値連続関数 $f : X \to \mathbb{R}$ は最大値と最小値をもつ．**

**例 5.13.** $n \in \mathbb{N}$ とし，$n$ 次元ユークリッド空間 $\mathbb{R}^n$ において有界閉集合 $A \subset \mathbb{R}^n$ を考える．定理 5.24 により部分距離空間 $(A, d_A^1)$ はコンパクトとなるから，系 5.27 により実数値連続関数 $f : \mathbb{R}^n \to \mathbb{R}$ は $A$ 上で最大値と最小値をもつ

**例 5.14.** $X = \mathbb{C}$ とし，位相 $\mathscr{O}$ を例 4.3 のザリスキー位相に取る．例 5.3 で示したように，位相空間 $(\mathbb{C}, \mathscr{O})$ はコンパクトである．このとき，$C$ 上の実数値

連続関数 $f: \mathbb{C} \to \mathbb{R}$ を, $x = \xi + i\eta \in \mathbb{C}$ に対して

$$f(x) = |x| \ \left(= \sqrt{\xi^2 + \eta^2}\right)$$

により定める. 明らかに, $f(x)$ は最大値をもたないので, 系 5.27 により, 位相空間 $(\mathbb{C}, \mathscr{O})$ において $f(x)$ は連続でない.

**問 5.17.** 例 5.14 の位相空間 $(\mathbb{C}, \mathscr{O})$ において実数値関数 $f(x) = |x|$ が連続でないことを直接的に示せ.

**定理 5.28.** $(X_1, \mathscr{O}_1)$ をコンパクト空間, $(X_2, \mathscr{O}_2)$ をハウスドルフ空間とする. 連続写像 $f: X_1 \to X_2$ は閉写像である. さらに, 全単射ならば, $f$ は同相写像となる.

**証明.** $C \subset X_1$ を任意の $\mathscr{O}_1$-閉集合とする. 定理 5.6 により $C$ はコンパクトであるから, $f(C) \subset X_2$ は定理 5.26 によりコンパクトであり, 定理 5.13 により閉集合となる. よって, $f$ は閉写像である. さらに, 全単射ならば, 命題 4.11 により $f$ は同相写像となる.　　　　　　　　　　　　　　　　　　　　□

**例 5.15.** 定理 5.28 において, $f(X_1)$ に対する $(X_2, \mathscr{O}_2)$ の部分空間 $(f(X_1), \mathscr{O}_2')$ は, 定理 5.26 よりコンパクトなハウスドルフ空間となる. ここで, $\mathscr{O}_2'$ は $f(X_1)$ 上の $\mathscr{O}_2$ に関する相対位相である.

**問 5.18.** $(X_1, \mathscr{O}_1)$ をコンパクト空間, $(X_2, \mathscr{O}_2)$ をコンパクトでないハウスドルフ空間とする. 連続な全射 $f: X_1 \to X_2$ は存在しないことを示せ.

$(X_1, d_1)$ と $(X_2, d_2)$ を距離空間とする. 写像 $f: X_1 \to X_2$ が連続であるとは, 任意の点 $x \in X_1$ において, 任意の正数 $\varepsilon$ に対して正数 $\delta$ が存在し, $d_1(x, y) < \delta$ ならば $d_2(f(x), f(y)) < \varepsilon$ となることであった. このとき, 一般には, 正数 $\delta$ は $\varepsilon$ だけでなく, 点 $x$ にも依存する. $\delta$ を $x$ に依存しないように選べるとき, 写像 $f$ は**一様連続**であるという. 明らかに, 一様連続な写像は連続であるが, 逆は一般に成り立たない.

**例 5.16.** 1 次元ユークリッド空間 $\mathbb{R}$ の部分距離空間 $((0, \infty), d_{(0,\infty)})$ から $\mathbb{R}$ への写像 $f$ を, $x \in (0, \infty)$ に対して

$$f(x) = \frac{1}{x} \tag{5.5}$$

により定める. 任意の正数 $\delta < 1$ に対して, $0 < x, y < \sqrt{\delta}$ かつ $d^1(x, y) = |x - y| < \delta$ ならば

$$d^1(f(x), f(y)) = \frac{|x - y|}{xy} > 1$$

となり, $f$ が一様連続でないことがわかる.

**例 5.17.** 例 3.12 で取りあげた, 式 (3.1) の距離 $d$ をもつ距離空間 $(C[0,1], d)$ から 1 次元ユークリッド空間 $\mathbb{R}$ への写像 $\varphi : C[0,1] \to \mathbb{R}$ を考える. 任意の正数 $\varepsilon$ に対して, $f$ によらずに $\delta = \varepsilon$ とすると, $d(f, g) < \delta$ ならば $d^1(\varphi(f), \varphi(g)) < \varepsilon$ とできるので, $\varphi$ は一様連続である.

**問 5.19.** 例 5.16 の場合において, $x \in (0, \infty)$ に対して $f(x) = \dfrac{1}{x + 1}$ により定められる写像 $f : (0, \infty) \to \mathbb{R}$ は一様連続か.

**定理 5.29.** コンパクト距離空間 $(X_1, d_1)$ から距離空間 $(X_2, d_2)$ への連続写像 $f : X_1 \to X_2$ は一様連続である.

**証明.** $f : X_1 \to X_2$ が一様連続でないと仮定すると, ある正数 $\varepsilon$ が存在し, 各 $n \in \mathbb{N}$ に対して

$$d_1(x_n, y_n) < 1/n, \quad d_2(f(x_n), f(y_n)) \geqq \varepsilon \tag{5.6}$$

を満たす 2 点 $x_n, y_n \in X_1$ が存在する. $X_1$ はコンパクトな距離空間であるから, 定理 5.21 により点列コンパクトでもあり, 点列 $\{x_n\}$ はある点 $x \in X_1$ に収束する部分列 $\{x_{n_k}\}$ をもつ. また, 三角不等式により

$$d_1(x, y_{n_k}) < d_1(x, x_{n_k}) + d_1(x_{n_k}, y_{n_k}) = d_1(x, x_{n_k}) + 1/n$$

となるから, 点列 $\{y_n\}$ の部分列 $\{y_{n_k}\}$ も同じ点 $x$ に収束する. 式 (5.6) より, 任意の $k \in \mathbb{N}$ に対して

$$d_2(f(x_{n_k}), f(y_{n_k})) \geqq \varepsilon$$

が成立しなければならないが, これは $f$ が連続であることに矛盾する (問 3.15 を参照せよ). よって, $f$ は一様連続となる. $\qquad\square$

**例 5.18.** 例 5.16 の場合において, 距離空間 $((0, \infty), d_{(0,\infty)})$ をその部分距離空間 $([1, 2], d_{[1,2]})$ に変更する. 定理 5.15 により距離空間 $([1, 2], d_{[1,2]})$ はコン

パクトであるから，定理 5.29 により式 (5.5) で定められる写像 $f : [1, 2] \to \mathbb{R}$ は一様連続となる．

**問 5.20.** 距離空間 $(X_1, d_1)$ から距離空間 $(X_2, d_2)$ への連続な全単射 $f$ の逆写像 $f^{-1}$ が一様連続でないならば，$(X_1, d_1)$ はコンパクトでないことを示せ．

## 5.6　チコノフの定理

直積空間のコンパクト性について次の定理が成り立つ．

**定理 5.30 (チコノフの定理).** 添字集合 $\Lambda$ の添字付き位相空間族 $(X_\lambda, \mathscr{O}_\lambda)_{\lambda \in \Lambda}$ の直積空間 $(X, \mathscr{O}) = \prod_{\lambda \in \Lambda}(X_\lambda, \mathscr{O}_\lambda)$ がコンパクトであるためには，すべての $\lambda \in \Lambda$ に対して $(X_\lambda, \mathscr{O}_\lambda)$ がコンパクトであることが必要十分である．

**証明．** $(X, \mathscr{O})$ がコンパクトならば，各因子空間 $(X_\lambda, \mathscr{O}_\lambda)$ は連続写像である射影 $p_\lambda : X \to X_\lambda$ の $X$ の像であるから，定理 5.26 によりコンパクトであり，必要性を得る．

次に，すべての $\lambda \in \Lambda$ に対して $(X_\lambda, \mathscr{O}_\lambda)$ がコンパクトであると仮定し，十分性を示す．直積空間 $(X, \mathscr{O})$ において有限交叉性をもつ閉部分集合族の全体を $\mathscr{F}$ とする．定理 5.7 により，任意の $\mathscr{A} \in \mathscr{F}$ に対して $\bigcap \mathscr{A} \neq \emptyset$ を示せばよい．証明は長いので，3 つの補題に分ける．

**補題 5.31.** $\mathscr{F}$ は包含関係 $\subset$ によって帰納的順序集合となる．

**証明．** まず，例 2.26 で述べたように，$\mathscr{F}$ は包含関係 $\subset$ によって順序集合となる．$\mathscr{G}$ を $\mathscr{F}$ の任意の全順序部分集合とし，$\mathscr{S} = \bigcup_{\mathscr{A} \in \mathscr{G}} \mathscr{A}$ とおく．有限個の $C_1, \ldots, C_n \in \mathscr{S}$ を取ると，各 $j$ に対して $C_j \in \mathscr{A}_j$ となる $\mathscr{A}_j \in \mathscr{G}$ が存在する．$\mathscr{G}$ が全順序集合であることより，ある $j$ に対して $C_1, \ldots, C_n \in \mathscr{A}_j$ となり，$\mathscr{A}_j \in \mathscr{F}$ であるから $C_1 \cap \cdots \cap C_n \neq \emptyset$ が成り立つ．よって，$\mathscr{S} \in \mathscr{F}$ となり，$\mathscr{G}$ は上に有界となる． $\square$

定理 2.14 (ツォルンの補題) と補題 5.31 により $\mathscr{F}$ に極大元が存在する．その極大元の 1 つを $\mathscr{A}_0$ とする．

**補題 5.32.** $\mathscr{F}$ の極大元 $\mathscr{A}_0$ は次の性質をもつ．

**(1)** 任意の $n \in \mathbb{N}$ に対して $C_1, \ldots, C_n \in \mathscr{A}_0$ ならば，$C_1 \cap \cdots \cap C_n \in \mathscr{A}_0$ となる．

**(2)** $X$ の閉部分集合 $C$ が任意の $C' \in \mathscr{A}_0$ に対して $C \cap C' \neq \emptyset$ となるならば，$C \in \mathscr{A}_0$ となる．

**証明.** (1) $C_1, \ldots, C_n \in \mathscr{A}_0$ と仮定し，$C = C_1 \cap \cdots \cap C_n$ とおく．このとき，$\mathscr{A}_0 \cup \{C\}$ も有限交叉性をもつから $\mathscr{F}$ に含まれ，$\mathscr{A}_0$ が極大であることから $C \in \mathscr{A}_0$ となり，結論を得る．

(2) 閉部分集合 $C \subset X$ が任意の $C' \in \mathscr{A}_0$ に対して $C \cap C' \neq \emptyset$ となるものと仮定する．このとき，$\mathscr{A}_0 \cup \{C\}$ も有限交叉性をもつから $\mathscr{F}$ に含まれ，$\mathscr{A}_0$ が極大であることから $C \in \mathscr{A}_0$ となり，結論を得る． $\qquad\square$

各 $\lambda \in \Lambda$ に対して，$\mathscr{A}_\lambda = \{\overline{p_\lambda(C)} \mid C \in \mathscr{A}_0\}$ は有限交叉性をもち，コンパクト空間 $(X_\lambda, \mathscr{O}_\lambda)$ における閉部分集合族である．よって，$C_\lambda = \bigcap \mathscr{A}_\lambda \neq \emptyset$ となるから，選択公理により $X$ の点 $x = (x_\lambda)_{\lambda \in \Lambda}$ で，各 $\lambda \in \Lambda$ に対して $x_\lambda \in C_\lambda$ となるものが存在する．

**補題 5.33.** $\mathscr{F}$ の極大元 $\mathscr{A}_0$ に対して $(x_\lambda)_{\lambda \in \Lambda} \in \bigcap \mathscr{A}_0$ が成り立つ.

**証明.** $U \in \mathscr{O}$ を点 $x = (x_\lambda)_{\lambda \in \Lambda}$ の開近傍とする．式 (4.13) と (4.15) が直積位相 $\mathscr{O}$ の開基 $\mathscr{V}$ を与えるから，ある $n \in \mathbb{N}$ に対して，$\lambda_j \in \Lambda$ と $\mathscr{O}_{\lambda_j}$-開集合 $O_j$ $(j = 1, \ldots, n)$ が存在し，

$$x \in \bigcap_{j=1}^{n} p_{\lambda_j}^{-1}(O_j) \subset U$$

となる．一方，$U_\lambda \in \mathscr{O}_\lambda$ を $x_\lambda$ の開近傍とすると，任意の $C \in \mathscr{A}_0$ と $\lambda \in \Lambda$ に対して，$x_\lambda \in \overline{p_\lambda(C)}$ であるから $U_\lambda \cap p_\lambda(C) \neq \emptyset$ となり（問 4.6 を参照），定理 2.2(2) により $p_\lambda^{-1}(U_\lambda) \cap C \neq \emptyset$ を得る．よって，補題 5.32(2) により $p_\lambda^{-1}(U_\lambda) \in \mathscr{A}_0$ であり，補題 5.32(1) とから $\bigcap_{j=1}^{n} p_{\lambda_j}^{-1}(O_j) \in \mathscr{A}_0$ となる．したがって，任意の $C' \in \mathscr{A}_0$ に対して，$C' \cap \bigcap_{j=1}^{n} p_{\lambda_j}^{-1}(O_j) \neq \emptyset$ であるから $C' \cap U \neq \emptyset$，

すなわち, $x$ は閉集合 $C'$ の触点となり, $x \in C'$ が成り立つ. これより, 結論
を得る. □

$\mathscr{A}_0$ は $\mathscr{F}$ の極大元であるから, 任意の $\mathscr{A} \in \mathscr{F}$ に対して $\mathscr{A} \subset \mathscr{A}_0$ となり,
$x \in \bigcap \mathscr{A}_0 \subset \bigcap \mathscr{A}$, すなわち, $\bigcap \mathscr{A} \neq \emptyset$ を得る. □

**注意 5.34.** 定理 5.30 の証明では選択公理とそれと同値な定理 2.14 を用いた.
逆に, 直積が空集合でない直積空間に対して定理 5.30 の主張が成り立つこと
を仮定すると, 選択公理を導くことができる. 詳細は, 例えば, 文献 [1] の 23
節を参照せよ.

**例 5.19.** $\Lambda$ を任意の添字集合とし, すべての $\lambda \in \Lambda$ に対して $X_\lambda = \{0, 1\}$ と
する. 例 5.2(1) で述べたように, 離散空間 $(X_\lambda, \mathscr{P}(X_\lambda))$ はコンパクトだから,
定理 5.30 により直積空間 $\prod_{\lambda \in \Lambda}(X_\lambda, \mathscr{P}(X_\lambda))$ もコンパクトとなる.

**問 5.21.** 例 5.19 において $X_\lambda = \mathbb{N}$ に変更する. 直積空間 $\prod_{\lambda \in \Lambda}(X_\lambda, \mathscr{O}_\lambda)$ が
コンパクトとなり得る位相 $\mathscr{O}_\lambda$ は存在するか. また, 存在するならば, どのよ
うな位相のときか.

## 5.7 相対コンパクトと局所コンパクト

位相空間 $(X, \mathscr{O})$ において, 部分集合 $A \subset X$ は, その閉包 $\overline{A}$ がコンパクト
なとき, **相対コンパクト**であるという.

**例 5.20.** (1) 1 次元ユークリッド空間 $(\mathbb{R}, d^1)$ において, 開区間 $I = (0, 1)$ は
相対コンパクトである. 実際, 例 3.5 により $\overline{I} = [0, 1]$ であり, 定理 5.24
により $\overline{I}$ はコンパクトである. また, $I$ 上の有理数の集合 $A = \mathbb{Q} \cap I$ に対
しても, 定理 3.16 により $\overline{A} = [0, 1]$ であるから, 開区間 $I$ と同様に, $A$ は
相対コンパクトとなる.

(2) 例 3.15 の距離空間 $(\mathbb{Q}, d^1_{\mathbb{Q}})$ において, (1) の部分集合 $A$ を考える. 例
5.11(2) で示したように $\overline{A} = \mathbb{Q} \cap \overline{I}$ はコンパクトではないので, $A$ は相対
コンパクトではない.

例 5.20 において, $(\mathbb{R}, d^1)$ は定理 3.7 により完備であるが, $(\mathbb{Q}, d^1_{\mathbb{Q}})$ は例 3.15
から完備ではない. 一般に次が成り立つ.

**定理 5.35.** 完備距離空間 $(X, d)$ において, 部分集合 $A$ が相対コンパクトであ

るためには，$A$ が全有界であることが必要十分である．

**証明.** 定理 3.9 により部分距離空間 $(\overline{A}, d_{\overline{A}})$ は完備である．また，$A$ が全有界であるためには，$\overline{A}$ も全有界であることが必要十分である．実際，$0 < \varepsilon' < \varepsilon$ として $A$ の有限な $\varepsilon'$ 被覆が存在すれば $\overline{A}$ の有限な $\varepsilon$ 被覆が存在し，その逆も成立する．したがって，定理 5.21 により，$(\overline{A}, d_{\overline{A}})$ がコンパクトであるためには $A$ が全有界であることが必要十分となり，定理の結論を得る．　　　□

　位相空間 $(X, \mathscr{O})$ は，任意の点に対してコンパクトな近傍が存在するとき，**局所コンパクト**であるという．$(X, \mathscr{O})$ がコンパクトならば，局所コンパクトである．実際，$X$ の各点のコンパクトな近傍として $X$ 自身を取ることができる．各点が相対コンパクトな開近傍をもつ位相空間は局所コンパクトであるが，その逆は一般に成り立たない．

**例 5.21.** (1) 例 4.2(1) の離散空間は局所コンパクトである．実際，各点 $x$ の
　　コンパクトな近傍として $\{x\}$ を取ることができる．

(2) $n \in \mathbb{N}$ として $n$ 次元ユークリッド空間 $\mathbb{R}^n$ は局所コンパクトである．実際，
　　任意の点 $x \in \mathbb{R}^n$ に対して，半径 1 の開球体 $B(x; 1)$ の閉包は有界閉集合
　　であるから，定理 5.24 によりコンパクトな近傍である．

　5.3 節では，コンパクトなハウスドルフ空間が正規かつ正則であることをみた．局所コンパクトの場合は次が成立する．

**定理 5.36.** 局所コンパクトなハウスドルフ空間は正則である．

**証明.** $(X, \mathscr{O})$ を局所コンパクトなハウスドルフ空間とする．

**補題 5.37.** 任意の点 $x \in X$ とその開近傍 $U$ に対して，$x$ のコンパクトな近傍 $W$ で，$W \subset U$ となるものが存在する．

**証明.** $U$ と $V$ を，それぞれ，$x$ の開近傍とコンパクトな近傍とする．$(X, \mathscr{O})$ の部分空間 $(V, \mathscr{O}_V)$ はコンパクトなハウスドルフ空間となるから，定理 5.15 により正規かつ正則である．定理 5.13 より $V$ は閉集合であるから，$C = V \cap U^c$ も閉集合で $x \notin C$ を満たす．よって，$(V, \mathscr{O}_V)$ が正則であることより，$C \subset O_1$，$x \in O_2 \subset V$ かつ $O_1 \cap O_2 = \emptyset$ を満たす開集合 $O_1, O_2$ が存在する．定理 5.6 により，$W = \overline{O}_2 \subset V$ は $x$ のコンパクトな近傍である．また，例 4.5 より

$O_1 \cap \overline{O_2} \subset \overline{O_1 \cap O_2} = \emptyset$ となるから $C \cap W = \emptyset$ である．したがって，$W \subset U$ が成り立つ．                                                                   □

任意の点 $x \in X$ とそれを含まない閉集合 $C$ に対して，補題 5.37 により $x$ のコンパクトな近傍 $W$ で，$W \subset X - C$ となるものが取れる．定理 5.13 より $W$ は閉集合であるから，$O_1 = W^c$ と $O_2 = W^{\circ}$ は開集合で，

$$C \subset O_1, \quad x \in O_2, \quad O_1 \cap O_2 = \emptyset$$

を満たす．よって，$(X, \mathscr{O})$ は正則である．                                       □

**例 5.22.** 例 4.2(1) の離散空間は局所コンパクトなハウスドルフ空間であり（例 4.17 と 5.21(1) を参照），定理 5.36 からも正則であることがわかる．

第2可算公理を満たすとき，定理 4.25 により正則空間は正規であり，定理 4.33 により正規空間は距離付け可能となる．定理 5.36 の系として次を得る．

**系 5.38.** 第2可算公理を満たす局所コンパクトなハウスドルフ空間は距離付け可能である．

## 5.8　1点コンパクト化

位相空間 $(X, \mathscr{O})$ において，空集合とコンパクトな閉部分集合全体から成る集合族を $\mathscr{A}$ とする．また，$x_{\infty} \notin X$ として $X^* = X \cup \{x_{\infty}\}$ とおき，$X^*$ の部分集合族 $\mathscr{O}^*$ を次のように定める．

$$\mathscr{O}^* = \mathscr{O} \cup \mathscr{O}_{\infty}, \quad \mathscr{O}_{\infty} = \{O \mid X^* - O \in \mathscr{A}\}$$

ここで，$O \in \mathscr{O}_{\infty}$ ならば $x_{\infty} \in O$ であり，$O \in \mathscr{O}^*$ かつ $x_{\infty} \notin O$ ならば $O \in \mathscr{O}$ となる．このとき，次が成り立つ．

**定理 5.39.** $(X^*, \mathscr{O}^*)$ はコンパクト空間であり，$(X, \mathscr{O})$ はその部分空間となる．

**証明.** まず，$\mathscr{O}^*$ が $X^*$ の位相である，すなわち，4.1 節の条件 (O$_1$)-(O$_3$) が成り立ち，$(X, \mathscr{O})$ は $(X^*, \mathscr{O}^*)$ の部分空間であることを示す．まず，$X^* \in \mathscr{O}_{\infty} \subset \mathscr{O}^*$ かつ $\emptyset \in \mathscr{O} \subset \mathscr{O}^*$ であるから，(O$_1$) が成り立つ．次に，自然数 $k \in \mathbb{N}$ に対して $O_1, \ldots, O_k \in \mathscr{O}_{\infty}$ ならば，ド・モルガンの法則 (2.3) と定理 5.5 により

$$X^* - O_1 \cap \cdots \cap O_k = (X^* - O_1) \cup \cdots \cup (X^* - O_1) \in \mathscr{A}$$

となるから，$O_1 \cap \cdots \cap O_k \in \mathscr{O}_\infty$ である．さらに，$O_1 \in \mathscr{O}$ かつ $O_2 \in \mathscr{O}_\infty$ ならば $O_1 \cap O_2 \in \mathscr{O}$ となるから，$(O_2)$ が成り立つ．最後に，任意の添字集合 $\Lambda$ の添字付き集合 $\{O_\lambda\}_{\lambda \in \Lambda}$ について，任意の $\lambda \in \Lambda$ に対して $O_\lambda \in \mathscr{O}_\infty$ ならば，ド・モルガンの法則 (2.3) と定理 5.6 により

$$X^* - \bigcup_{\lambda \in \Lambda} O_\lambda = \bigcap_{\lambda \in \Lambda} (X^* - O_\lambda) \in \mathscr{A}$$

となる．さらに，$O_1 \in \mathscr{O}$ かつ $O_2 \in \mathscr{O}_\infty$ ならば $O_1 \cup O_2 \in \mathscr{O}^*$ であり，$(O_3)$ も成り立つ．また，任意の $O \in \mathscr{O}^*$ に対して $O \cap X \in \mathscr{O}$ となるから，$(X, \mathscr{O})$ は $(X^*, \mathscr{O}^*)$ の部分空間となる．

次に，$(X^*, \mathscr{O}^*)$ がコンパクトであることを示す．$\mathscr{S}$ を $X^*$ の開被覆とすると，その元 $O_0 \in \mathscr{S}$ で $x_\infty$ を含むものが存在し，$X^* - O_0 \in \mathscr{A}$ はコンパクトであるから，有限個の $O_1, \ldots, O_n \in \mathscr{S}$ を選んで

$$X^* - O_0 \subset O_1 \cup \cdots \cup O_n$$

とできる．よって，

$$X^* \subset O_0 \cup O_1 \cup \cdots \cup O_n$$

となり，$(X^*, \mathscr{O}^*)$ はコンパクトである．　　　　　　　　　　　□

定理 5.39 において，$(X^*, \mathscr{O}^*)$ を $(X, \mathscr{O})$ の **1 点コンパクト化**という．次に，1 点コンパクト化がハウスドルフ空間となるための必要十分条件を与える．

**定理 5.40.** 位相空間 $(X, \mathscr{O})$ とその 1 点コンパクト化 $(X^*, O^*)$ に対して，$(X^*, \mathscr{O}^*)$ がハウスドルフ空間であるためには，$(X, \mathscr{O})$ が局所コンパクトなハウスドルフ空間であることが必要十分である．

**証明.** まず，$(X^*, \mathscr{O}^*)$ がハウスドルフ空間であると仮定して，必要性を示す．$(X, \mathscr{O})$ がハウスドルフ空間であることは明らかである．ハウスドルフの分離公理により，任意の点 $x \in X$ と点 $x_\infty$ に対して，2 つの開集合 $O, O_\infty \in \mathscr{O}^*$ が存在して $O \cap O_\infty = \emptyset$，$x \in O$ かつ $x_\infty \in O_\infty$ が成り立つ．このとき，$x_\infty \notin O$ であるから，$O \in \mathscr{O}$ となり，また，定理 5.39 より $(X^*, \mathscr{O}^*)$ はコンパクトであり，定理 5.6 とから $\overline{O}$ は $x$ のコンパクトな近傍となる．よって，$(X, \mathscr{O})$ は局所コンパクトである．

逆に，$(X, \mathscr{O})$ が局所コンパクトなハウスドルフ空間であると仮定して，十分性を示す．このとき，$X$ の任意の元 $x\ (\neq x_\infty)$ はコンパクトな近傍 $V$ をもち，よって $x \in V^\circ$ であり，さらに $x_\infty \in X^* - V \in \mathscr{O}^*$ となる．明らかに，$V^\circ \cap (X^* - V) = \emptyset$ であり，任意の $x \in X$ と $x_\infty$ が開集合により分離できるから，$(X^*, \mathscr{O}^*)$ はハウスドルフ空間である．　　　　□

1 点コンパクト化がハウスドルフ空間となる場合，次が成り立つ．

**定理 5.41.** $(X, O)$ を位相空間とし，$(X^*, O^*)$ をその 1 点コンパクト化とする．このとき，位相空間 $(X^*, \hat{\mathscr{O}}^*)$ がコンパクトなハウスドルフ空間で，$(X, \mathscr{O})$ がその部分空間となる，すなわち，$\mathscr{O} = \{O \cap X \mid O \in \hat{\mathscr{O}}^*\}$ を満たすならば，$\hat{\mathscr{O}}^* = \mathscr{O}^*$ が成り立つ．

**証明．** $O \in \hat{\mathscr{O}}^*$ と仮定する．まず，$x_\infty \notin O$ ならば，$O \subset X$ より $O \in \mathscr{O}$ となる．次に，$x_\infty \in O$ とすると，$A = X^* - O \subset X$ は閉集合であり，$(X^*, \hat{\mathscr{O}}^*)$ がコンパクトであるから定理 5.6 により $A$ もコンパクトとなる．よって，$(X^*, \hat{\mathscr{O}}^*)$ における $A$ の任意の開被覆 $\hat{\mathscr{S}}$ は有限部分被覆を有する．さらに，$(X, \mathscr{O})$ における $A$ の任意の開被覆 $\mathscr{S}$ に対して，$(X^*, \hat{\mathscr{O}}^*)$ における $A$ の開被覆 $\hat{\mathscr{S}}$ が存在して $\mathscr{S} = \{O' \cap X \mid O' \in \hat{\mathscr{S}}\}$ と書けるから，$A$ は $(X, \mathscr{O})$ においてもコンパクトであり，$O \in \mathscr{O}_\infty$ となる．以上により，$\hat{\mathscr{O}}^* \subset \mathscr{O}^*$ が成り立つ．

一方，ハウスドルフ空間 $(X^*, \hat{\mathscr{O}}^*)$ において，第 1 分離公理が成り立つから定理 4.21 により $\{x_\infty\}$ は閉集合であり，$X = X^* - \{x_\infty\} \in \hat{\mathscr{O}}^*$ となる．よって，$O \in \mathscr{O}$ ならば $O \in \hat{\mathscr{O}}^*$ が成り立つ．また，$O \in \mathscr{O}_\infty$ ならば，$X^* - O$ は $(X, \mathscr{O})$ においてコンパクトで，ハウスドルフ空間 $(X^*, \hat{\mathscr{O}}^*)$ においてもコンパクトとなるから，定理 5.13 により閉集合であり，$O \in \hat{\mathscr{O}}^*$ となる．以上により，$\mathscr{O}^* \subset \hat{\mathscr{O}}^*$ が成り立ち，結局，$\hat{\mathscr{O}}^* = \mathscr{O}^*$ を得る．　　　　□

**例 5.23.** 例 5.11(1) で示したようにコンパクトである単位円 $\mathbb{S}^1 = \{(x_1, x_2) \in \mathbb{R} \mid x_1^2 + x_2^2 = 1\}$ に対して，2 次元ユークリッド空間 $(\mathbb{R}^2, d^2)$ の部分空間 $(\mathbb{S}^1, d_{\mathbb{S}}^2)$ を考える．$p = (0, 1) \in \mathbb{R}^2$ として，$\mathbb{S}^1 - \{p\}$ から 1 次元ユークリッド空間 $(\mathbb{R}, d^1)$ への写像 $\varphi$ を次式により定義する．

$$\varphi : x = (x_1, x_2) \mapsto y = \frac{x_1}{1 - x_2} \tag{5.7}$$

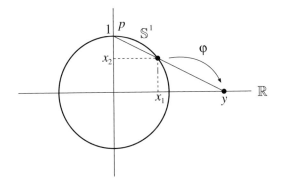

図 5.1: 写像 $\varphi : \mathbb{S}^1 - \{p\} \to \mathbb{R}$

写像 $\varphi$ は連続であり，全単射である．また，逆写像 $\varphi^{-1} : \mathbb{R} \to \mathbb{S}^1 - \{p\}$ は

$$\varphi^{-1} : y \mapsto \left( \frac{2y}{y^2 + 1}, \frac{y^2 - 1}{y^2 + 1} \right) \tag{5.8}$$

となる．逆写像 $\varphi^{-1}$ も連続となるから，$(\mathbb{R}, d^1)$ は $(\mathbb{S}^1, d_{\mathbb{S}}^2)$ から 1 点 $p$ を取り除いた部分空間と同相である．よって，$(\mathbb{R}, d^1)$ の 1 点コンパクト化と $(\mathbb{S}^1, d_{\mathbb{S}}^2)$ は同相となり，同相写像 $\varphi^* : \mathbb{S}^1 \to \mathbb{R} \cup \{x_\infty\}$ は次式で与えられる．

$$\varphi^* : x \mapsto \begin{cases} y_\infty & (x = p \text{ のとき}) \\ \varphi(x) & (x \neq p \text{ のとき}) \end{cases} \tag{5.9}$$

問 5.22. 例 5.23 において次の問に答えよ．

(1) 式 (5.7) で定められる写像 $\varphi$ は，図 5.1 のように，$\mathbb{S}^1$ 上の点 $x = (x_1, x_2)$ を，点 $p$ と点 $x$ を結ぶ直線と数直線 $\mathbb{R}$ との交点 $y$ に写すことを示せ．

(2) 逆写像 $\varphi^{-1}$ が式 (5.8) で与えられることを示せ．

(3) 式 (5.9) で与えられる写像 $\varphi^*$ が同相写像であることを示せ．

問 5.23. 3 次元ユークリッド空間 $(\mathbb{R}^3, d^3)$ において．例 5.11(1) で示したようにコンパクトである単位球面 $\mathbb{S}^2 = \{(x_1, x_2, x_3) \in \mathbb{R}^3 \mid x_1^2 + x_2^2 + x_3^2 = 1\}$ に対する部分空間 $(\mathbb{S}^2, d_{\mathbb{S}}^3)$ を考える．次の問に答えよ．

(1) 2 次元ユークリッド空間 $(\mathbb{R}^2, d^2)$ はコンパクト空間 $(\mathbb{S}^2, d_{\mathbb{S}}^3)$ から 1 点 $p = (0, 0, 1)$ を取り除いた部分空間と同相であることを示せ．

(2) $(\mathbb{R}^2, d^2)$ の 1 点コンパクト化と $(\mathbb{S}^2, d_{\mathbb{S}}^3)$ は同相となることを示せ．

# 参考文献

本書を執筆するにあたり，以下の文献を参考にした．

1. 内田伏一，集合と位相，裳華房

2. 小平邦彦，解析入門 I，岩波書店

3. 児玉之宏，永見啓応，位相空間論，岩波書店

4. コルモゴロフ，フォミーン (山崎三郎，柴岡泰光訳)，函数解析の基礎 原書第 4 版 (上)，岩波書店

5. 斎藤正彦，数学の基礎：集合・数・位相，東京大学出版会

6. L. Steen and J. A. Seebach, Counterexamples in Topology, 2nd ed., Springer

7. 高木貞治，解析概論，岩波書店

8. 田中尚夫，公理的集合論，培風館

9. 田中尚夫，選択公理と数学：発生と論争，そして確立への道，遊星社

10. C. W. Patty, Foundations of Topology, Jones & Bartlett Publishers

11. G. Buskes and A. Rooij, Topological Spaces: From Distance to Neighborhood, Springer

12. 松坂和夫，集合・位相入門，岩波書店

13. 森田茂之，集合と位相空間，朝倉書店

14. 森田紀一，位相空間論，岩波書店

15. 矢野公一，距離空間と位相構造，共立出版

# 問題のヒントと答

## 第 1 章 集合の初歩

**問 1.1.** (1) $A = \{1, 2\}$　(2) $A = \{0, \pm 1, \pm 2\}$　(3) $A = \{-1\}$　(4) $A = \{-1, \pm i\}$ ($i$ は虚数単位)

**問 1.2.** $B \subset A$ とすると，$A \subset B$ ならば $A = B$ となり矛盾する．

**問 1.3.** $\mathscr{P}(A) = \{\emptyset, \{1\}, \{2\}, \{3\}, \{1, 2\}, \{1, 3\}, \{2, 3\}, \{1, 2, 3\}\}$ で個数は 8.

**問 1.4.** $2^m$ 個

**問 1.5.** (1) $A \cup B = \{1, 2, 3, 4, 5\}$　(2) $A \cap B = \{3, 4\}$　(3) $A - B = \{1, 2\}$

**問 1.6.** (1) $A \cup B = \{6(n-1) + m \mid n \in \mathbb{N}, m \neq 1, 5\}$　(2) $A \cap B = \{6n \mid n \in \mathbb{N}\}$　(3) $A - B = \{2n \mid n \in \mathbb{N}, n/3 \notin \mathbb{N}\}$

**問 1.7.** (1) $A \cup B$　(2) $A \cap B$　(定理 1.2(3) と (4) および 1.3 を用いよ)

**問 1.8.** (1) $A \cup B$　(2) $A$　(3) $A$　(4) $A \cap B$

**問 1.9.** (1)(2) 左辺 ⊂ 右辺，左辺 ⊃ 右辺を示す．　(3) 定理 1.5 を用いよ．

**問 1.10.** (1)(2) 定義より．　(3) 対偶を考える

**問 1.11.** (1) $A$　(2) $A \cap B$　(3) $A \cap B$　(4) $A \cup B$

**問 1.12.** $X \supset A \cup B \cup C$ とし，定理 1.5 とド・モルガンの法則 (1.9) を用いよ．

**問 1.13.** 問 1.12 と同様．式 (1.10) を用いよ．

**問 1.14.** $A \times B = \{(1, 2), (1, 3), (2, 2), (2, 3)\}$

**問 1.15.** $A \times B$ と $\mathscr{P}(A \times B)$ の元の個数は，それぞれ，$mn$ 個と $2^{mn}$ 個

**問 1.16.** 左辺 ⊂ 右辺，左辺 ⊃ 右辺を示す．

**問 1.17.** 十分であることは明らか．必要性については背理法を用いよ．

**問 1.18.** (1) $k^n$　(2) $n!$

## 第 2 章 集合と写像

**問 2.1.** $n^m$ 個

**問 2.2.** (1) $h(I_1) = (0, \frac{1}{4}) \cup (\frac{1}{4}, \frac{3}{4})$   (2) $h^{-1}(I_2) = (\frac{1}{4}\pi, \frac{1}{2}\pi) \cup (\frac{3}{2}\pi, \frac{7}{2}\pi)$

**問 2.3.** $a \in A$, $c \in C$ として，$(g \circ f)(a) = g(f(a))$, $(g \circ f)^{-1}(c) = f^{-1}(g^{-1}(c))$ である．

**問 2.4.** (1) $\emptyset$   (2) $(1, 4)$   (3) $(-2, 2)$   (4) $[0, 1)$   (5) $[0, 1]$   (6) $[0, 4)$

**問 2.5.** (1) $m \in \mathbb{N}$ として，$n = 2m$ のとき $f(n) = m$，$n = 2m + 1$ のとき $f(n) = -m$ となる．   (2) 任意の自然数は 2 のべきと奇数の積に一意的に表される．   (3) $f(x)$ は区間 $(0, 1)$ 上で単調増加かつ $\lim_{x \to \pm\infty} f(x) = \pm\infty$ である．

**問 2.6.** $f$ が単射の場合，(2) と (7) の証明で包含関係 "$\subset$" のところを "$=$" に置き換えられる．また，$f^{-1}(f(A_1)) \subset A_1$ も成り立つ．一方，$f$ が全射の場合，$B_1 \subset f(f^{-1}(B_1))$ が成り立つ．

**問 2.7.** (1) $g$ が全射でないと仮定し背理法を用いる．   (2) $f$ が単射でないと仮定し背理法を用いる．

**問 2.8.** $\bigcup_{\lambda \in (0,1)} A_\lambda = (0, 1)$, $\bigcap_{\lambda \in (0,1)} A_\lambda = \emptyset$

**問 2.9.** 定理 1.5 と 1.6 の証明を参考にせよ．

**問 2.10.** 定理 2.2 の証明を参考にせよ．

**問 2.11.** $\liminf_{n \to \infty} A_n = \emptyset$, $\limsup_{n \to \infty} A_n = \mathbb{Q} \cap (0, 1)$

**問 2.12.** 問 2.5(1) を参考にして，$\mathbb{N}$ から偶数全体の集合，奇数全体の集合への全単射を定めよ．

**問 2.13.** 全単射 $f_1 : A \to \mathbb{N}$ と $f_2 : B \to \mathbb{N}$ が存在すると仮定し，$A \times B$ から $\mathbb{N}$ への全単射を定めよ．例 2.13(2) も参照．

**問 2.14.** (1) $2^k$   (2) (1) を用いる．   (3) 定理 2.6 の証明と同様．

**問 2.15.** 区間 $[0, 1]$ の実数を 2 進数展開して得られる無限数列に写す写像は単射である．これと例 2.7 と 2.15 および定理 2.7 を用いる．

**問 2.16.** 例 2.7 の集合 $A$ に対して，$A$ から $\{0, 1\}^{\mathbb{N}}$ への全単射が存在し，例 2.8 と問 2.15 のから，$|A| = |\{0, 1\}^{\mathbb{N}}| = |\mathscr{P}(\mathbb{N})|$ を得る．

**問 2.17.** 同値関係の条件 (1) から (3) が成り立つことを示す．

**問 2.18.** 問 2.17 と同様．

**問 2.19.** $R(x) = \{\pm x + 2n\pi \mid n \in \mathbb{N}\}$ として $(X/\sim) = \{R(x) \mid x \in [0, \pi]\}$

**問 2.20.** $f$ が全射のとき $f = g \circ \pi$, $f$ が単射のとき $f = i \circ g$ となる．

問 **2.21.** 命題 2.9 を用いる.

問 **2.22.** 順序同型ではない. 背理法を用いよ.

問 **2.23.** 整列集合と順序同型な順序集合の部分集合が最小元をもつことを示す.

問 **2.24.** 背理法を用いる.

問 **2.25.** 定理 2.12 と 2.18 を用いる.

## 第 3 章 距離空間

問 **3.2.** 例 3.2(2) と 3.3 と同様

問 **3.3.** $\overline{S(a;\varepsilon)} = S(a;\varepsilon)$, $\overline{B(a;\varepsilon)} = \bar{B}(a;\varepsilon)$ を示す.

問 **3.4.** (1) $\{0\}$　(2) $\mathbb{Z} - \{0\}$　(3) $\emptyset$　(4) $\{0\}$

問 **3.5.** $B(a;\varepsilon)^e \subset \{x \in X \mid d(a,x) > \varepsilon\}$ を示す.

問 **3.6.** 次の関係に注意して命題 3.1 を用いる.　　(1) $A^\circ \subset A$　(2) $\overline{A} \supset A$

問 **3.7.** (1) $A^\circ = \{x_1^2 + x_2^2 < 1, x_1 > 0\}$　(2) $A^e = \{x_1^2 + x_2^2 > 1, x_1 \geqq 0\} \cup \{x_1 < 0\}$　(3) $A^f = \{x_1^2 + x_2^2 = 1, x_1 > 0\} \cup \{x_1 = 0, |x_2| \leqq 1\}$　(4) $\overline{A} = \{x_1^2 + x_2^2 \leqq 1, x_1 \geqq 0\}$　(5) $A^d = \{x_1^2 + x_2^2 \leqq 1, x_1 \geqq 0\}$

問 **3.8.** (1) $A^\circ = \bigcup_{n=1}^\infty (1/(2n+1), 1/2n)$

(2) $A^e = \bigcup_{n=1}^\infty (1/(2n+2), 1/(2n+1)) \cup (-\infty, 0) \cup \left(\frac{1}{2}, \infty\right)$

(3) $A^f = \{0\} \cup \{1/(n+1) \mid n \in \mathbb{N}\}$　(4) $\overline{A} = \bigcup_{n=1}^\infty [1/(2n+1), 1/2n] \cup \{0\}$

(5) $A^d = \bigcup_{n=1}^\infty [1/(2n+1), 1/2n] \cup \{0\}$

問 **3.9.** (1) $A^\circ = \emptyset$　(2) $A^e = \bigcup_{m=1}^\infty (1/(m+1), 1/m) \cup (-\infty, 0) \cup (1, \infty)$

(3) $A^f = A \cup \{0\}$　(4) $\overline{A} = A \cup \{0\}$　(5) $A^d = \{0\}$

問 **3.10.** (1) $\delta = \varepsilon$　(2) 連続

問 **3.11.** 任意の $a \in C$ に対して $|d(x,a) - d(y,a)| \leqq d(x,y)$ が成り立つ.

問 **3.12.** (1) $k = 2$　(2) 連続

問 **3.13.** 定理 3.5 を用いる.

問 **3.14.** 前半は $f(r_n) \in \overline{A}$ であれば点 $a_n \in B(x, 1/n) \cap A$ が取れ, 後半は任意の正数 $\varepsilon$ に対して十分大きな $n$ を取れば $a_n \in B(x, \varepsilon) \cap A$ とできる.

問 **3.15.** 連続の定義より.

問 **3.16.** $x_n = \{x_{nj}\}_{j=1}^\infty$ がコーシー列であるとき, 任意の $k \in \mathbb{N}$ に対して,

$N \in \mathbb{N}$ が存在し, $n, m > N$ ならば $d(x_m, x_n) = \sum_{j=1}^{\infty} 2^{-j} |x_{mj} - x_{nj}| < 2^{-k}$ となり, $j \leqq k$ に対して $x_{mj} = x_{nj}$ が成り立つ.

**問 3.17.** 完備である.

**問 3.18.** 閉集合でない. 定理 3.9 と例 3.15 を用いよ.

**問 3.19.** 完備でない. 定理 3.10 と例 3.5 を用いよ.

**問 3.20.** (1) 完備でない.　(2) 完備である.

**問 3.21.** 問 3.16 を参照し, $a \in X - X_0$ が $X_0$ の触点となることを示す. あとは定理 3.16 の証明と同様.

**問 3.22.** (1) $\emptyset$　(2) $\emptyset$　(3) $\mathbb{R}$　(4) $\mathbb{R}$

# 第 4 章 位相空間

**問 4.2.** ド・モルガンの法則 (2.3) を用いる.

**問 4.3.** $\mathbb{C}$

**問 4.4.** (1) $\bigcup_{\lambda \in \Lambda} A_\lambda^\circ \subset \bigcup_{\lambda \in \Lambda} A_\lambda$ より.　　(2) $\bigcap_{\lambda \in \Lambda} A_\lambda \subset \bigcap_{\lambda \in \Lambda} \overline{A_\lambda}$ より.

**問 4.5.** 例えば, 1 次元ユークリッド空間 $\mathbb{R}$ において, 添字集合を $\Lambda = \{1, 2\}$ とし, $A_1 = [-1, 0]$, $A_2 = (0, 1]$ で与えられる集合族 $\{A_1, A_2\}$ を考えよ.

**問 4.6.** 定理 4.3(1) と例 4.5 の結果を用いる.

**問 4.7.** (1) $\{x_1^2 + x_2^2 = 1, x_1 > 0\} \cup \{x_1 = 0, |x_2| \leqq 1\}$　(2) $\{x_1^2 + x_2^2 = 1, x_1 \geqq 0\}$

**問 4.8.** $U_1$ を $x \in X_1$ の近傍とすると, 正数 $\delta$ が存在し, $B_1(x; \delta) \subset U_1$ とできる. また, $U_2$ を $f(x) \in X_2$ の近傍とすると, 正数 $\varepsilon$ が存在し, $B_2(f(x); \delta) \supset U_2$ とできる.

**問 4.9.** (1) は連続, (2) は連続でない.

**問 4.10.** $f : \mathbb{C} \to X_2$ を連続写像とすると, 相異なる $y_1, y_2 \in f(\mathbb{C})$ が存在するとき, 各 $j = 1, 2$ に対して $\{y_j\}$ は開集合かつ閉集合であり, 定理 4.6 より $f^{-1}(y_j) \neq \mathbb{C}, \emptyset$ も開集合かつ閉集合でなければならない.

**問 4.11.** $X_1 = X$, $X_2 = X_3 = \mathbb{R}^n$ として定理 4.8 を適用する.

**問 4.12.** (1) $f^{-1}(a) = 1/4$　(2) $f(x) = \{a_n \mid a_{3n-2} = 1, a_{3n-1} = a_{3n} = 0, n \in \mathbb{N}\}$

**問 4.13.** 同相である (問 2.5(3) を参照して同相写像を求めよ).

**問 4.14.** $f$ と $g$ を, それぞれ, $(X_1, \mathcal{O}_1)$ から $(X_2, \mathcal{O}_2)$ と $(X_2, \mathcal{O}_2)$ から $(X_3, \mathcal{O}_3)$ の同相写像とし, 合成写像 $g \circ f : X_1 \to X_3$ を考える.

**問 4.15.** 開写像であるが, 閉写像ではない. 例えば, 閉集合 $\{x_1 x_2 = 1\} \subset \mathbb{R}^2$ の像を考えよ.

**問 4.16.** 定理 4.8 の証明と同様.

**問 4.17.** 開写像かつ閉写像である.

**問 4.18.** 定理 4.12 を用いる.

**問 4.19.** 例 4.15(1) と命題 4.15 を用いる.

**問 4.20.** 問 2.14 と 3.21 に注意して, 定理 4.17 を用いる.

**問 4.21.** $T_1$ 空間でない.

**問 4.22.** 定理 4.21 より一点集合が閉集合であることに注意する.

**問 4.23.** 例 4.21 と同様.

**問 4.24.** $f_\lambda = p_\lambda$ として式 (4.13) を参照し, 定義より導く.

**問 4.25.** 必要性は問 4.24 より. 十分性は注意 4.31 を参照し, 定義より導く.

**問 4.26.** $\mathcal{O}'$ を $\pi$ が連続となる $X/\sim$ の位相とすると, $O' \in \mathcal{O}'$ ならば $\pi^{-1}(O') \in \mathcal{O}$ となる. よって, $\mathcal{O}' \subset \mathcal{O}_\sim$ が成り立つ.

**問 4.27.** $A \subset \mathbb{C}$ に対して, $A \cap U = A \cap C$ を満たす空でない開集合 $U$ と閉集合 $C$ が存在するか. 例えば, $A$ が無限集合であれば, $A \cap U$ も無限集合である.

**問 4.28.** $f(X) \subset \mathbb{R}$ は定理 4.36 から連結であり, 命題 4.35 により式 (4.17) のいずれかの区間となる.

**問 4.29.** $\{(x_1, x_2) \in \mathbb{R}^2 \mid x_1^2 + x_2^2 = (n + \frac{1}{2})\pi\}$ $(n = 0, 1, 2, \dots)$

**問 4.30.** 例 4.25 と同様.

**問 4.31.** $\varphi(f([0,1]))$ により弧が与えられる.

# 第 5 章 コンパクト性

**問 5.1.** コンパクトでない.

**問 5.2.** 可算コンパクトでない.

**問 5.3.** $U$ を $x$ の近傍とすると, 正数 $\varepsilon$ が存在し, $B(x; \varepsilon) \subset U$ とできる.

**問 5.4.** (1) 収束しない  (2)-(4) 収束し，極限は $\mathbb{C}$ のすべての点

**問 5.5.** 点列コンパクトでない．

**問 5.6.** 可算コンパクトについては，定理 5.5 の証明で $X$ の開被覆 $\mathscr{S}$ を可算とする．点列コンパクトについては，和集合 $\bigcup_{j=1}^{n} A_n$ の点列 $\{x_k\}$ に対して，$A_j$ $(j = 1, \ldots, n)$ のうちどれか 1 つは無限個の $x_k$ を含み，その無限個の点からなる点列は $\{x_k\}$ の部分列であることに注意する．

**問 5.7.** コンパクトでない．

**問 5.8.** 可算コンパクトについては，定理 5.6 の証明で閉集合 $C$ の開被覆を $\mathscr{S}$ を可算とする．点列コンパクトについては，$C$ の点列は収束する部分列をもち，その極限を $x$ とすると，命題 5.4 により $C$ の集積点となることに注意する．

**問 5.9.** コンパクト空間は可算コンパクトであり，例 2.14 により無限集合は可算無限集合を含む．

**問 5.10.** コンパクトでない．

**問 5.11.** $\mathscr{S} = \{\{x\} \mid x \in A\}$ は $A$ の有限な $\varepsilon$ 被覆となる．

**問 5.12.** (1) 有界であるが全有界でない．  (2) 有界かつ全有界である．

**問 5.13.** 例 5.9(1) で $X$ を可算集合とせよ．

**問 5.14.** コンパクトである (例 3.10(3) を参照し，定理 5.24 を適用).

**問 5.15.** コンパクトである (例 4.10 を参照し，定理 5.3 を適用).

**問 5.16.** 例 4.8(2) より恒等写像 $1_X : X \to X$ は $(X, \mathscr{O})$ から $(X, \mathscr{O}')$ への連続写像となる．

**問 5.17.** 例えば，開区間 $I = (1, 2)$ の逆像 $f^{-1}(I) = \{x \in \mathbb{C} \mid 1 < |x| < 2\}$ は $(\mathbb{C}, \mathscr{O})$ において開集合ではない．

**問 5.18.** 定理 5.26 と 5.28 を用いる．

**問 5.19.** 一様連続である．

**問 5.20.** 定理 5.26, 5.28 と 5.29 を用いる．

**問 5.21.** 例えば，密着位相 $\mathscr{O}_\lambda = \{X_\lambda, \emptyset\}$ を取れば良い．

**問 5.22.** (3) $x = p$ での $\varphi(x)$, $y = y_\infty$ での $\varphi^{-1}(y)$ の連続性については定理 4.6 を用いよ．

**問 5.23.** 例 5.23 と同様．

# 索　引

著　者

矢ヶ崎 一幸　京都大学大学院情報学研究科数理工学専攻

集合と位相

2020 年 3 月 20 日　　第 1 版　第 1 刷　印刷
2020 年 3 月 30 日　　第 1 版　第 1 刷　発行

著　者　　矢ヶ崎 一幸
発 行 者　　発 田 和 子
発 行 所　　株式会社　学術図書出版社

〒113-0033　東京都文京区本郷 5 丁目 4 の 6
TEL 03-3811-0889　振替　00110-4-28454
印刷　三和印刷（株）

定価は表紙に表示してあります.

ⓒK. YAGASAKI　2020　Printed in Japan
ISBN978-4-7806-0822-9　C3041